台灣
旅遊景點
賞蟲趣

觀螢 賞蝶 覓蟲

楊平世 ▪ 著

何健鎔 ▪ 攝影

那些年我談昆蟲的事

「老師，您在雜誌上所發表的文章要不要集結出版？」這是六、七年前在一次閒聊時，《大自然》總編輯，也是中華民國自然生態保育協會的祕書長蔡惠卿小姐曾問過我的話。可是當時由於正擔任台灣大學生物資源暨農學院院長，工作十分忙碌，無暇整理這些稿子而耽擱了！

其實，在台大上通識教育課程「昆蟲與人生」的時候，也曾有同學問我除了開列昆蟲學的參考書單外，是不是還有更貼近「人生」的昆蟲書單？但說實在，如果一位老師既要教書，又要寫計畫爭取經費做研究，還得督導學生研究進度，難免分身乏術；所以，就在卸下行政工作職務多年，也就是二〇一〇年我的教授休假期間，花了不少時間開始整理過去在《大自然》等雜誌所發表的有關「昆蟲與人生」之科普文章，並加以修改，也同時著手整理塵封已久的幻燈片。

這些文章有不少是我年輕及中年時期和同學們在台灣各地進行昆蟲資源調查之後，根據研究報告寫下的科普文章；其中也有不少是我個人修習昆蟲學過程中的人生體驗；這系列文章不論是當做「昆蟲與人生」的輔助教材，或是記錄昆蟲資源調查過程中的一些所見所感，對喜歡昆蟲及大自然的人而言，也是彌足珍貴。尤其在整理這些文章時，回憶起當年和共同打拚的同學們相處的前塵往事，仍歷歷在目；如今這些曾經和我在台大共事的優秀人才，有些已榮升大學教授、副教授，有些則已在民間、政府單位擔任要職，但每重逢談及我們曾在哈盆、陽明山、墾丁、南澳湖泊……進行調查時的前塵往事，彼此眉宇間仍洋溢著飛揚的神采，分享當年大家所感受到的大自然魅力。

　　三十多年前，我有幸參與台灣生態保育啟動的列車，從加入中華民國自然生態保育協會的會員開始，參與許多活動；也擔任當年國立科學教育館的野外解說教師及館內演講的專家；之後又成了生態保育協會、國家公園學會的理事、監事，最後甚至擔任了中華民國自然生態保育協會的執行副理事長、理事長，整個過程中參與或主導了國內不少生態保育的議題，這對我個人的人生歷練和科普寫作都有著莫大的裨益。所以，在我這些「昆蟲與人生」系列文章中也偶會出現這些歷練的心情和心得。

整理過往所發表的文章曾花了不少時間，但整理幻燈片時卻花更多的時間，但由於幻燈片難免遺漏、缺失，最後乾脆化整為零，除保留部分幻燈片外，全部委託長年既拍又寫，也常在雜誌上發表科普文章的螢火蟲專家何健鎔博士協助配圖。不過這系列文章有幾篇文章及圖片是由我的學生李惠永、李春霖、田佩玲、吳怡欣及吳加雄等人支援，謹此一併申致由衷之謝忱。

　　九歌出版的社長蔡文甫兄是出版界的泰斗，也是我三十多年的老朋友，曾邀我出版兒童科普系列《自然課沒教的事》；所以，在書稿匯整好了之後，便呈請蔡兄及總編輯過目，承陳總編輯素芳女士的厚愛，決定出版；而在策畫、編輯過程中，曾副總編輯敏英小姐更為此書竭盡心力，從書稿的潤飾，版面及圖片的編輯，可以說十分用心，因此這本科普書如果變得更好看，她居功厥偉！其實，這本書之能順利出版，也得謝謝楊珺蜜小姐、方華德先生之協助；並以此獻給台大昆蟲保育研究室長年和我同甘共苦的歷屆同學和助理小姐、先生們，更期待喜歡昆蟲和大自然的朋友們不吝指教。

楊平世 謹識於國立台灣大學昆蟲學系

目 錄

風雨先知——
東北角的昆蟲資源

東北角海岸的主要景觀為岩岸地型。

　　東北角暨宜蘭海岸國家風景區的範圍北起台北縣瑞芳鎮之南雅里，南至宜蘭縣南方澳；東臨太平洋，西至山脊連接線，屬狹長帶狀的沿海地區，也涵蓋龜山島及周邊海域；海岸線長，地形景觀極具特色。除此，區內具有豐富的自然資源，為台灣北部國民旅遊最佳據點之一，也是國民環境教育的好去處。

昆蟲是平易近人的教育資源

　　然而本特定區除具複雜且富於變化之地形、地質景觀以及資源豐富的海洋生物外，區內並有海岸植物群落、次生林、草原、溪流、農業區等多樣化環境，適合各類昆蟲生長；因此，如能進行調查，則此資源亦可運用於本區之觀光遊憩及中、小學之環境教育上，此對國民旅遊品質之提升及自然科學教育，均有重要之貢獻。

　　東北角海岸風景特定區之昆蟲相研究，

1. 端紅粉蝶外型亮麗。
2. 大白斑蝶是最大型的斑蝶類，成蟲飛行緩慢，具觀賞價值。
3. 粉蝶燈蛾是常見的日行性蛾類。
4. 姬小紋青斑蝶吸食紫花霍香薊。

環境教育需從小紮根，賞蟲是最基本的入門。

過去記錄甚少，僅日人中山正夫（1971,1972,1973,1974,1975,1980）零星之蝶類調查記錄，無完整之調查報告。因此，為使遊客及中、小學生獲知此方面之知識，了解昆蟲在生態系中之地位，本區內各不同環境之昆蟲資源及其特色，作者曾在1991-1992年在本區進行一年調查，希冀藉此調查結果能提供學校作自然教育及遊客解說之用。另外，此研究結果亦可作為東北角海岸風景特定區管理處在規畫解說教育、遊憩經營及保育宣導時之參考。

水棲昆蟲資源豐富

由調查結果顯示，本區所出現的昆蟲涵蓋平原及低山帶之種類；昆蟲相豐富程度雖難和土地開發程度少之玉山、太魯閣國家公園相比擬（楊，

1. 小十三星瓢蟲是大型瓢蟲，因體背有十三枚黑斑而得名。
2. 突眼蝗造型奇特。
3. 舉尾蟻吸食蜜腺的分泌物。
4. 小紅姬緣椿越冬會形成小族群聚集現象。

吸花蜜的大紅紋鳳蝶。

1989,1990,1991,1992a）；而如以蝶類為例，亦比同樣為低山帶之墾丁及陽明山國家公園（朱等，1986,1988；楊等，1987）為少，此乃因此區泰半為開發區，農田及已開發之山坡地亦遠較墾丁及陽明山國家公園為多。但由於畫定風景特定區以來管理良好，植物相未再遭受破壞，水域環境亦未遭污染，昆蟲資源還算豐富。

在農業區水田內，由於使用農藥情形不若中、南部嚴重，因此在水田中尚能見及龍蝨、牙蟲及負子蟲等大型水棲昆蟲；如配合附近許多清澈溪流，乃北部地區從事水域生態教育之理想地點。

東北角之觀賞性昆蟲

本區低山帶步道，例如南雅

1. 交尾中的樺斑蝶。
2. 端紫斑蝶交尾。
3. 張翅曬太陽的黃蛺蝶。
4. 孔雀紋蛺蝶吸食長穗木的花。

山谷、鼻頭步道及草嶺古道，尤其是草嶺古道，儘管遊客多，但在低、中海拔出現之許多大型具觀賞價值之昆蟲，例如皇蛾（*Attacus altas*）、長尾水青蛾（*Actias seline ningpoana*）、扁鍬形蟲（*Dorcus titanus sika*）、台灣雲鰓金龜（*Polyphylla taiwana*）、螢火蟲（*Curtos costipennis., Lucidina* sp..., *Luciola* sp）、多種大型螽斯、台灣大蝗（*Chondracris rosea*）及大琉璃紋鳳蝶（*Papilio paris nakaharai*）、大白斑蝶（*Idea leuconoe* clara）、端紅蝶（*Hebomoia glaucippe formosana*）等大型漂亮的蝶類，均不難見及。尤其是大白斑蝶，本區因有頗多幼蟲食餌——爬森藤（*Parsonsia laevigata*）分佈，是台灣除墾丁地區、蘭嶼外之重要產地。

　　台灣產之蟬類達七十種之多（加藤，1932），而在本區至少有

1. 正在呼吸換氣的牙蟲。　　2. 交尾中的脛蹼琵蟌。

1. 彩裳蜻蜓又稱蝴蝶蜻蜓。
2. 龍蝨是東北角梯田間常見的水生甲蟲。
3. 小水蟲又稱船夫蟲，後足特化成划槳狀。
4. 蛾蚋是雙翅目的昆蟲，外型似小蛾。

十一種，特別是在草嶺古道及南雅，數量最多，也是本區最佳聆賞蟬聲的地點。除了蟬聲之外，福隆、龍門一帶之螽斯、蟋蟀類，每到夏、秋季節入夜以後，鳴聲此起彼落，極具特色。尤其是大型的台灣騷斯（*Mecopoda elongata*），鳴聲急促足令遊客印象深刻。

台灣大蟋蟀和蟻獅最具特色

本區由於台灣大蟋蟀數量極多，在龍門露營場開放不久，此蟲鑽洞為巢，曾造成露營場廣場草地因而失色。在過去此蟲雖為台灣常見的旱地害蟲（毛，1987）之一，但多年來由於農藥常年過度使用，在台灣各地已不多見，而本區數量竟然多至為害草坪，的確令人玩味！是否應保留部分地區供其棲息、繁衍，甚值探討。另外，本區之沙地

1. 扁鍬形蟲是常見的種類之一。　2. 皇蛾是最大型的蛾，前翅端部類似蛇頭，亦稱為蛇頭蛾。

1. 吸食花蜜的大琉璃紋鳳蝶。
2. 褐色型台灣騷斯在枯草中有良好的保護色。
3. 負蝗又稱尖頭蚱蜢是草叢中常見的種類。
4. 紅胸窗螢雄蟲是日夜行性的螢光蟲，會發出微弱的光。

適於有「蟻獅」之稱之蛟蛉棲息，故區內此蟲數量極多；漏斗狀之幼蟲巢穴比比皆是，此亦可作為遊客解說教育之用。另外，蝶類在本區至少有七十四種之多，其中以南雅及草嶺古道最多，特別是南雅步道避風路段，數量頗多，為提高賞蝶品質，今後亦不妨規畫移植行骨消等蜜源植物，使此蝶能群集吸蜜，供遊客觀賞。在蝶類中，屬台灣特有種者有台灣黃斑蛺蝶等四種，佔台灣特有種之8％（徐等，1986）。

東北角之昆蟲資源

經台灣大學昆蟲保育研究室全年的調查，發現本區共記錄二十目一二六科四〇四種昆蟲，其中包括鱗翅目蝶類八科七十四種，蛾類十一科三十二種；脈翅目四科四種；蜻蛉目七科十七種；鞘翅目三十三科一三四種；同翅目六科十六種；革翅目一科一種；膜翅目七科十八種；雙翅目十一科十七種；半翅目十一科二十五種；等翅目一科一種；嚙蟲目一科一種；直翅目五科二十六種；竹節蟲目一科二種；螳螂目一科五種；長翅目一科一種；蜚蠊目二科五種；廣翅目一科二種；襀翅目三科至少三種；蜉蝣目四科十種；毛翅目六科十種，足見昆蟲資源頗為豐富。

在過去有關東北角本區之昆蟲資源調查，僅日人山中正夫

1. 台灣大蟋蟀。
2. 台灣大蝗成蟲取食禾本科植物。
3. 海灘上的沙地是蟻獅的重要棲地。
4. 蟻獅幼蟲具有一對特化的吸收顎，可以將獵物吸乾。

（1971, 1972, 1973, 1974, 1975, 1980）本區及其鄰近地區零星之蝶類調查記錄，綜合其研究，僅記錄五科十種，這些種類以及發現地點分別為：大紅紋鳳蝶（金瓜石）、麝香鳳蝶（瑞芳）、輕海紋白蝶（金瓜石）、端紅蝶（福隆）、台灣粉蝶（三貂嶺）、大白斑蝶（瑞芳、金瓜石、澳底）樹間蝶（瑞芳）、孔雀紋蛺蝶（南雅）、台灣單帶蛺蝶（瑞芳）及沖繩小灰蝶（南雅）；其中大紅紋鳳蝶及麝香鳳蝶在本研究計畫中並未發現，故過去之記錄與本調查所發現之八科七十四種相去甚遠，顯見本區過去調查之不足。但如能再進行較長之調查研究，相信種類會陸續增加。

應注意昆蟲棲地的保護

然而，在開發過程中，土棲昆蟲及蝶類常會遭到破壞而數量銳減，甚至因而瀕臨絕種；此情形在沿海地區開發尤甚。以美國加州瀕海之舊金山為例，曾因都市之開發而造成三種沙丘蝶類絕種，並使其他三種蝶類之分佈範圍變狹（Pylc, et. al., 1981; New, 1984）。類似實例亦發現於佛州之邁阿密（Rawson, 1961）及佛羅里達角（Brown, 1973; Covell, 1977）。

另外，觀光地區之活動及電燈，亦可能對昆蟲造成干擾，甚至

八星虎甲蟲常於地上活動，總會站在人的前方，邊走邊飛，因此亦稱為「帶路蟲」。

使其族群式微；此例如加州、內華達土棲之虎甲蟲減少（Pyle, et., al, 1981; Wilson. 1970）及趨光性昆蟲因電燈普設而大量死亡（Leffler and Person, 1976）。在本區，福隆及龍門露營場一帶，未來如過度開發或遊客干擾，則現有之兩種特色昆蟲——蟻獅及台灣大蟋蟀可能會逐漸減少，故建議開闢教育用展示或解說區，其餘棲地盡量能保持現狀。而本區大白斑蝶之幼蟲寄主植物分佈於各地岩質山區、海邊，應嚴禁採摘，以免此蝶因食物不足而銳減。至於為避免夜行性昆蟲趨光而遭遊客捕捉、踐踏，建議路燈及步道旁之電燈宜以黃色鹵素燈為宜。

水質指標生物：水棲昆蟲

　　台灣之水田由於長年持續使用農藥及化學肥料，水田中之水棲昆蟲種類數量極少，但本研究發現，本區之水田，尤其是福隆及草嶺古道一帶，水棲昆蟲種類頗為豐富，尤其是屬於肉食性之龍蝨科甲蟲，種類達十三種之多。至於溪流之水棲昆蟲，長達十～十二公分之無霸勾蜓（*Anotogaster sieboldii*）已被列為台灣珍貴稀有保育類動物（行政院農委會，1989）。其他較具觀賞價值之水蟲，例如白痣珈蟌（*Matrona basilaris*）、及短腹幽蟌（*Euphaea formosa*）。值得一提者，在台灣已相當少見之螢火蟲，於七、八月間在草嶺古道溪邊及步道

無霸勾蜓是台灣最大型的蜻蜓，也是珍貴稀有保育類野生動物，稚蟲肉食性，可捕食小魚或蝌蚪。

間，並不難見及。

　　水棲昆蟲可供作水質等級之指標生物。由於本區河域所發現之襀翅目、毛翅目、蜉蝣目等種類而言，均屬於適存於貧腐水性及一中腐水性之種類（楊，1992；楊，1992b），可知本區河域之水質尚佳。

南雅、草嶺古道蝴蝶尤多

　　調查結果顯示，本區以南雅、草嶺古道所出現之蝶類最多。尤其是南雅地區，蝶種達七科五十三種，是本區蝶類發現最多地區。如未來能銜接原有之登山步道，再栽種成段之蜜源植物，則南雅步道可成為本特定區理想之賞蝶步道。本區蝶類之另一特色是四季之蝶種變化不大；但值得一提的是即使在冬天本區東北季風之季節，仍可見及四十六種蝶類，尤其是在南雅避風路段，如能加以規畫，則未來可能成為全年性賞蝶的好去處。

還有本區水田、溪流多，尤其是福隆水田區及草嶺古道之水田、溪流，水棲昆蟲最為豐富；前者以塘沼型種類為最多，後者除塘沼型種類之外，尚有棲息於溪流之種類；生活於溪流之種類，主要為肉食性及雜食性溪流魚類及蝦、蟹類之食物。是故，未來如欲進行水生動物進一步研究或環境教育，可在此兩區域進行。

昆蟲資源之特色

就生態系而言，本區包含自然生態系、農業生態系及海洋生態系，環境具多樣性；在農業昆蟲方面，由於作物相和台灣其他地區相

1. 黃緣螢是常見的水生螢火蟲，東北角的梯田是其良好的棲地。
2. 棲息於葉片上的黑赤螢。
3. 東北角出海口生態。
4. 龍門地區的海灘。

似，因此害蟲相亦相似（毛，1987）。在森林方面，本區值得注意者乃松斑天牛（*Monochamus alternatus* Hope）已成為常見害蟲；此種甲蟲會媒介松材線蟲（*Bursaphelenchus xylophilus*）而引起松樹萎凋病（毛，1987）。在過去，此病僅發現於石門、金山一帶，但如今幾乎蔓延全區，到處均可見及受害植株。由於目前此病尚無有效防治方法，因此僅能建議拔除後銷燬，以避免感染陸續擴大，可惜此區之琉球松目前已死亡殆盡。

在農業生態系方面，本區水田多，但難能可貴的是水田使用農業較少，故田中生物相豐富，尤其水棲昆蟲，幾乎常見之塘沼型種類均

1. 黃斑盾蝽雌蟲具有護幼的行為，剛孵化的若蟲會聚集在雌蟲身體下。
2. 黃斑盾蝽雄蟲體色較雌蟲體色紅且亮麗。

可在本區內採獲；在夏天，草嶺古道尚可見到已日漸減少之螢火蟲。至於在海洋生態系方面，由於海棲昆蟲相當稀少，全世界亦僅發現六百餘種；本研究囿於安全及設備，未進行此方面調查，但曾在海邊採集，並未發現活動於海面之種類。

在森林生態系方面，本區之面積雖小，但昆蟲資源尚算豐富，全年共發現二十目一二六科四〇四種，幾乎昆蟲綱中之重要目（order）均有種類發現。而且大型漂亮種類頗多，極適合在福隆、龍門海邊區、草嶺古道、南雅步道等地規畫解說教育活動。

在昆蟲中，適宜做為解說教育素材的種類通常需具有下列之特性：（1）大型、漂亮或外型奇特之種類；（2）經常出現或季節性出現；（3）行為或習性有趣或可供玩賞者；（4）對人畜安全不會造成威脅者。如依此標準評估，則本區內之昆蟲適合此標準者，包括蝶類、大型蛾類、鳴蟲類——蟬類、蟋蟀類及螽斯類，甲蟲類中之鍬形蟲類、吉丁蟲、叩頭蟲、天牛、瓢蟲、金花蟲、芫菁、金龜子類、螢火蟲、虎

甲蟲，蟻獅、琉璃大食蟲虻、蟻類、螳螂、大型蝗蟲、竹節蟲、大型椿象、東洋斑蜚蠊、泡沫蟲；塘沼型水棲昆蟲——龍蝨、松藻蟲，大負子蟲、水黽、紅娘華、水薑；流水型水棲昆蟲——石蛉、扁泥蟲、蜉蝣、石蠅及石蠶蛾。

不過，本區由於有體長達十～十二公分之珍貴稀有保育類動物——無霸勾蜓分佈，應加以保護；宜宣導遊客，區內之動、植物如未經管理處允許，不得捕捉。

另外，本區尤其是福隆－龍門一帶在開發時，應注意蟻獅及台灣大蟋蟀之棲地，不能嚴重破壞，以免這兩種最具特色之昆蟲在本區消失。

昆蟲觀察步道

南雅山谷步道：本步道之入口位於「南雅奇岩」之對面，緊臨濱海公路。本步道之蝶類資源相當豐富，乃本區之冠；尤其是大白斑蝶，四季皆可在此地見及。常見之陸棲昆蟲，例如鳴蟲類、大型甲蟲類及直翅類昆蟲亦多；而在水棲昆蟲方面，因有溪流穿越步道，而且亦有攔沙壩形成之水潭，故流水型與靜水型的水棲昆蟲均有分佈。惟本步道除前半段路面較寬坦外，後半段則為狹窄之步道，且芒草叢

生，如欲做為大眾化的賞蝶或昆蟲觀察步道，最好能再加以規畫、整修，使其能和原來之登山步道相銜接。同時建議在避風路段，密集栽植有骨消等蜜源植物，吸引蝶類群集，增加賞蝶品質。由於本步道路線短，昆蟲資源豐富，又緊臨「南雅奇岩」，遊客可於短時間內進行海岸岩石之旅及昆蟲之旅，進一步規畫，不失為一遊憩之好據點。而如以昆蟲資源而言，此步道可規畫成野外「昆蟲教室」。

惟為使蝶類有豐富蜜源植物，建議在此路段內側坡面選擇適當地方栽種本區亦可發現之蝶類幼蟲寄主植物，例如爬森藤、鷗蔓、台灣牛獼菜、台灣馬藍、魚木及食茱萸（楊，1982；郭，1992）。並在向陽之路邊種植成段之有骨消、澤蘭類、野生菊科等蜜源植物，以吸引更多蝶類群聚。

草嶺古道：本步道之蝶類資源亦屬豐富，其他陸生昆蟲如金花蟲、螽斯、椿象、大型甲蟲類、蟬類及蝗蟲類等皆為解說教育之好題材。惟在秋季時曾於最高點的景觀亭處發現大型胡蜂，建議應加以繼續追蹤、調查，如有必要則樹立警告牌以提醒遊客注意。本步道除陸棲昆蟲外，在遠望坑溪之大榕樹下，由於水棲昆蟲採集容易，各類流水型的代表性昆蟲亦可在此據點發現，故建議於此設置水棲昆蟲觀察站，並設置解說牌。至於靜水型之水棲昆蟲，半山腰處之水田區則為

躲於枯木間的虹彩叩頭蟲。

良好之觀察及採集地點，此處曾發現大型龍虱、松藻蟲、水躉、水蛛及小型的半翅目昆蟲等。本區之蜜源植物如冇骨消之栽植，可選擇後段往大里之路段向陽處栽植。

福隆—龍門海邊區：本區蝶類主要出現在管理處附近馬纓丹多之步道；而靜水型水棲昆蟲則分佈在各處水田。而在沙灘上的小山丘和平地，常可見及漏斗型的蟻獅巢穴及台灣大蟋蟀土洞；尤其是龍門露營場，以這兩種行為有趣的昆蟲最具特色，建議在龍門露營場內選擇適當地點規畫展示區，並樹立解說牌。另外，夏秋時福隆海水浴場、管理處附近及龍門露營場一帶，入夜後，各種大型螽斯鳴叫聲處處可聞，亦為特色之一。

福隆—龍門海邊路段，現已栽種朱槿等栽培性蜜源植物，未來如考慮在龍門露營區設置生態展示館，則園內之植物宜種植景觀、圍籬、蜜源均宜之朱槿、金露花、阿勃勒、繁星

花、醉蝶木，並搭配種植野生之有骨消，便會吸引自然發生之蝴蝶前來吸蜜。

建議設立活體「自然生態展示館」

本風景區已被教育部選定為「自然中心」之一，然而因受東北季風影響，一到冬季或雨季，戶外解說教育便會受到影響，為彌補此一缺憾，使本區成為台灣北部及東部之環境教育、自然教育的重鎮，建議在管理處附近或龍門露營場內闢建——五百坪左右的「東北角自然生態展示館」，結合本區地質、地形的特色，活體展示本區常見的小動物及原生植物，使此展示館也能兼具教育及遊憩的目的。惟此展示館及上述南雅自然步道之規畫，涉及專門之生物科學方面專業，如有意興建，宜委請專家學者協助。

在飼養展示之小動物方面建議如下：

魚類：本區代表性之淡、海水魚類；在海水魚方面，例如單棘魨、石狗公、黑瓜子鱲、日本花鯖、寒鯛、紅魽、烏魚、嘉鱲、黃光鰓雀鯛、赤鯮、沙駿及花身雞魚等。在淡水魚方面，例如平頜鱲、鮰魚、鯽魚、台灣石𩼶及粗首鱲。此部分可依淡、海水分別混養或水族箱單獨飼養。

兩棲類：選取本區代表性之蛙類及蟾蜍約五種，分別單獨飼養。飼養種類如黑眶蟾蜍、虎皮蛙、澤蛙、金線蛙等。

爬蟲類：選取無毒之青蛇及攀木蜥蜴、草蜥、壁虎和石龍子等約十種，分別單獨飼養。

哺乳類：可飼養較馴良之白鼻心，棕簑貓及鼩鼠等小型哺乳類動物。

昆蟲類：選取本區代表性及常見昆蟲約二十種，包括獨角仙、鍬形蟲類（二種）、螽斯（二種）、瓢蟲、天牛、金龜子（二種）、螢火蟲、蜻蜓、水黽、負子蟲、紅娘華、松藻蟲、蟻獅、蝗蟲、東洋大蠊蟲等。原則上每種均單獨飼養展示。

其他無脊椎動物：選取常見及本區代表種類；包括蟹類（海蟹四種）、毛蟹、寄居蟹、海蟑螂、螺類（海生種及陸生各二種）、鼠婦、馬陸、蜈蚣、蚯蚓、水蛭……等。

在展示館之設計時，室內栽種之植物及環境應考慮本區之代表性種類及環境。然後把小動物依棲地之不同作適當之陳列展示。

「斜陽照墟落，窮巷牛羊歸，野花念牧童，倚杖候荊扉。雉雛麥田秀，蠶眠桑葉稀。田夫荷鋤至，相見依依語。即此羨閒逸，悵然吟式微。」每到晚秋，放眼東北角山間，芒花片片；環顧田野，秋蟲吱

唰，何不趁此閒暇之際，遠離都市，徜徉步道之間，放遊山村野巷，
重拾童稚之趣？

小精靈的快樂世界——
龜山島上的蟲蟲

對國人而言，尤其是經常往來基隆、宜蘭間的朋友們來說，途經東北角暨宜蘭海岸國家風景區，只要往海面遠眺，不難發現一隻狀似海龜的蓊鬱孤島，在藍天白浪間出現，這個小島，由於幾十年來一直由軍方管轄，所以充滿著神祕的色彩，但對於喜歡海釣與逐浪東北角海域間的朋友們來說，既親切、又嚮往！

海中孤島有些什麼？

　　一九九四年台灣省政府交通處旅遊事業管理局因應宜蘭縣政府的要求，委託當時的國立台灣大學植物學系（現併入生命科學系），邀集植物、地質、動物、昆蟲，及地理學領域的學者，在四月下旬前往

1. 眺望遠方的龜山島。
2. 青帶鳳蝶吸食布骨消的花蜜。
3. 小青斑蝶吸食花蜜。
4. 淡小紋青斑蝶。

龜山島，進行短期的生物資源及地質調查，以評估龜山島開放觀光的可行性。筆者負責昆蟲資源調查，所以這篇文章可算是龜山島開放前記錄島上小精靈的狀況。

開放前——生態系未遭破壞

從地理資料得知，龜山島是一個火山島，東西長約三公里，南北寬僅二公里，總面積僅二‧七平方公里，乃蕞爾小島；就地形而言，大致上可分為龜頭、龜甲及龜尾三部分，全島最高峰是「四○一高地」。至於此地的植被，根據郭城孟教授的分析，可分為適於海邊強風及鹽沫的海岸植被；曾是人類墾殖，但遷村後荒廢的荒廢地植群。

3　4

交尾中的大白斑蝶。

海拔二六〇公尺以下的山地次生林；以及二六〇公尺以上的風衝林。據稱龜山島的植物相與東北角十分相似，屬東北季風林，但由於缺乏長期植物、動物資源調查，未來不管開放觀光與否，由於是台灣地區未遭破壞的低海拔森林次生演替區，最少需要有三～五年的動、植物資源調查，這對龜山島的資源保護，或生態教育解說來說，都將會有莫大的裨益。

蝶類資源豐富

在為期僅僅三天的調查中，筆者共記錄到十三種蝴蝶，及其他五十四種昆蟲；以蝴蝶來說，當地由於有樟科，芸香科植物，所以大型的青帶鳳蝶，黑鳳蝶均可見及。另外，由於林間鷗蔓類植物多，青斑蝶類亦頗常見；調查期間適逢當地澤蘭開花，因此發現不少青斑蝶、琉球青斑蝶在路邊的澤蘭上吸食花蜜。台灣的青斑蝶最近被證實會北渡日本鹿兒島及長崎等地，而日本標放青斑蝶也曾飛到龜山島。所以，就青斑蝶遷飛而言，龜山島也是重要的觀測站。相信對於台日蝶友來說，龜山島將是青斑蝶欣賞和研究的重要地方。

值得一提的是在台灣號稱「大笨蝶」的大白斑蝶，在龜山島算是常見的大型蝶類，短短三天內就記錄了六隻，這可能是海邊及原始林

青斑蝶成蟲吸食馬纓丹的花蜜。

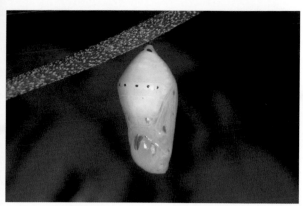

青斑蝶的蛹，外型亮麗閃亮。

間的食草——爬森藤未受開發的壓力，數量仍
多的緣故。

　　蝶類是環境教育最好的解說素材，未來如
能進行全面性資源調查，相信不管是環島的自
然步道，或往四〇一高地的森林步道，蝶類資
源必相當豐富。

林緣間的昆蟲多樣性高

　　四月下旬已有不少植物開花，在步道間屬
於甲蟲類的菊虎、瓢蟲及蜂類、蠅類，以及食

1. 棲停於葉片上的台灣波紋蛇目蝶。
2. 孔雀蛺蝶成蟲吸收長穗木花蜜。
3. 紅邊黃小灰蝶成蟲吸食花蜜。

2

3

1. 隱身於枯木上的斯文豪氏攀蜥。
2. 盤古蟾蜍。
3. 花浪蛇吞食斯文豪氏赤蛙。
4. 中國樹蟾棲於葉片上具有良好的保護色。

蚜蠅，均頗常見；然而，是否有大型的甲蟲，例如：鍬形蟲，則由於調查期間並非此類成蟲出現的季節，猶待未來全面的調查進行探討。

　　與東北角的草嶺古道相似，在沿著往四〇一高地的森林步道兩側的闊葉林間，大型棘蟻的巢築在枝椏之間，處處可見。而在許多五節芒的莖上，也可發現不少受驚時會咬人，分泌大量蟻酸，引起皮膚紅腫刺痛的舉尾蟻。至於林道間的枯木及衰弱木的枝幹，也常見白蟻的土質隧道巢；這類昆蟲在森林扮演分解者的角色，而本身則是鳥獸的獵物，在森林生態系中有其重要的地位。

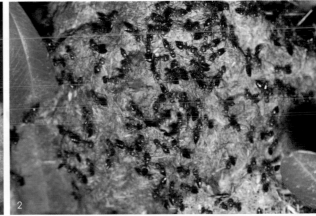

1. 七星瓢蟲外形可愛顏色豔麗。　2. 舉尾蟻築巢於枝葉間，如受外界驚擾則會立刻舉起腹部，進入攻擊狀態。

薄翅蜻蜓可長距離飛行。

薄翅蜻蜓成群飛翔

　　龜山島雖然四面環海，但島內還是有些水池和小水塘，這些淡水水域便成為水棲昆蟲棲身之處；在三天的行程中，我們發現了一種石蠶蛾，未來如果能作全面性調查，相信會發現更多特有種的水棲昆蟲。

　　耐人尋味的是，此趟行程曾發現為數多達八十～一百隻的薄翅蜻蜓，在湖畔附近的空曠處活動；這類昆蟲以飛翔中的其他小蟲為食物。群集對蜻蜓而言，除了更容易圍捕獵物之外，也增加雌雄求偶交配的機會。

　　龜山島的昆蟲和其他生物資源一樣，都是亟待展開調查的自然資源；欣聞這一個充滿神祕面紗的小島已交由東北角暨宜蘭海岸國家風景區經營管理，管理處也積極將此區規畫發展為「海上生態公園」；為謀求資源永續利用及生態保育，建議管理處應該進行至少連續三年之地質，地形及動、植物、昆蟲等資源調查計

畫，以奠定解說教育之基礎，使未來申請進行島上生態之旅客，能深入體驗龜山島生態知性之旅，享受自然之美，龜山島上的自然資源也才不會因為開放觀光而有破壞之虞！

螢繫哈盆覓蟲踪——
福山植物園

在前往福山植物園的路況還不是那麼好，還沒有像現在那麼方便以前，在哈盆自然保留區進行野外生物調查工作，除了由現在這條雙連埤線入福山之外，我們最常走的路線是由烏來經信賢、福山村，沿著崎嶇的林中小徑，蜿蜒前進，雖稱不上披荊斬棘，但對崩塌地區的羊腸小道，記憶猶新！由於沿途經過南勢溪的主、支流，逢河涉水的體驗，也令人印象深刻。尤其是暑假的時候，只要不下雨、不刮颱風，研究室裡的助理及同學便連袂在哈盆進行昆蟲生態調查工作，雖頗勞累，但不亦樂乎！如今，當年參與工作的助理、同學，有的已離我高就，有的則已負笈美國繼續深造，有的則仍在國內讀研究所，有

1. 溪床的大小可以看出溪水的方向與變遷。　2. 溪中的大石在大雨後從山中沖刷而下。

同層次森林孕育了多樣性的生物。

南勢溪的發源地是哈盆自然保留區。

的貴為老闆級的董事長或在大學擔任教授、副教授，但每相聚一塊，總會談及哈盆調查的當年往事，依然令人回味無窮！這不也是投身大自然的樂趣嗎？

研究教育保育多功能

哈盆自然保留區位於台北縣及宜蘭縣界，是台灣北部少數較少受到人為干擾的自然保留區；由於區內生物資源相當豐富，林試所已在靠近雙連埤的地方設置福山植物園，除擔負保存種源、研究、教學之外，也有限度開放供作民眾野外自然教育及生態教育的場所；尤其是重新開放以來，參觀的人潮絡繹不絕，已為國內生態教育樹立良好的典範。

在生態研究方面，除了以往動、植物——包括昆蟲資源調查之外，前些年國科會的「全球變遷」研究小組也在福山植物園內進行許多生態學方面的研究，昆蟲是生態系中的基本成

員，自然而然的也成為研究的重點。

昆蟲資源相當豐富

　　根據一九七五及一九七六年台灣大學昆蟲保育研究室的調查發現，分佈在這個自然保留區的大中型水、陸棲昆蟲至少有十五目一二二科五二三種；其中陸棲昆蟲有十一目九十六科四六九種，而水棲昆蟲則有八目三十三科五十九種。在這些昆蟲中，以鱗翅目，也就是俗稱的蝶蛾類，種數最多，幾為總種數的58.9％；俗稱甲蟲的鞘翅目則次之，約佔12.8％；當然除此之外還有許多尚未鑑定出種類的昆蟲，目前這些標本都保存在台灣大學的昆蟲標本館內，這對未來在這兒進行昆蟲資源研究的人或許會有些幫助。

河水清澈蟲魚蝦多

　　當時在這兒進行昆蟲資源調查的方法，除

南勢溪中游魚台灣鯛魚有「水中螢火蟲」之稱。

藉掃網掃捕步道間的昆蟲之外，亦藉手捕法、目視法、馬氏網調查法、水網調查法及燈火誘集法採集、記錄保留區內的昆蟲；而如遇動物屍體或糞便，研究人員也不會放過，因為其中也有扮演分解者角色的昆蟲生活其中。所以，宿營避難小屋附近，不但白天得到處搜捕昆蟲，夜裡還得佇候燈下，覓捕各種趨光而來的昆蟲，忙得不亦樂乎！

而在哈盆自然保留區內有兩條溪流貫穿其中，一是南勢溪，一是哈盆溪；這兩條溪流，終年流水潺潺，水質相當清澈，所以只要翻動流水下的石頭和枯木，石蠅、蜉蝣及石蠶蛾等幼蟲，紛紛竄起走避，

1. 沿林道小徑間調查昆蟲。
2. 夜間點水銀燈調查趨光性蛾類。
3. 澤石蠶蛾幼蟲以枯枝落葉築巢。
4. 以落葉築巢的石蠶蛾。

水棲昆蟲資源十分豐富，正因如此，賴以維生的魚、蝦，當然也相當多了！據說在還沒有畫定自然保留區以前，哈盆還是釣客眼中的溪釣天堂呢！

水棲昆蟲生態教室

由調查結果顯示，分佈溪流中的蜻蜓和豆娘至少有六科十二種，有常見的白刃蜻蜓、薄翅蜻蜓，也有俏麗的白痣珈蟌和許多溪流常可見及的短腹幽蟌；難能可貴的是還有已被列為珍稀動物的無霸勾蜓。

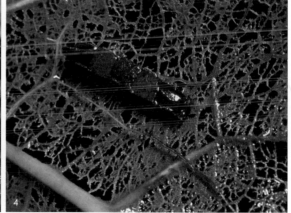

1. 石蠅稚蟲以氣管腮呼吸，此器官位於胸部兩側，呈細毛狀。
2. 石蠅的成蟲，常棲停於溪邊的葉子上。

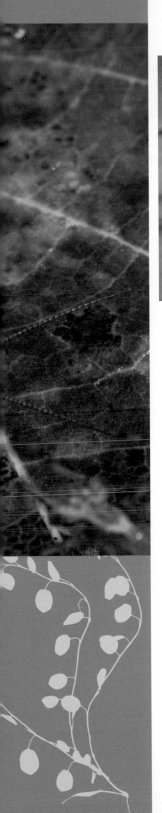

2

　　代表優良水質的指標昆蟲──石蠅稚蟲在溪流中處處可見，而扁蜉蝣類的稚蟲也常成群出現在水下的石頭表面；會建築石質巢穴或結網的石蠶蛾幼蟲，也常在大石頭上建造各式的巢；值得一提的是，大型的長鬚石蠶的幼蟲幾乎出現在許多鵝卵石底質的河段之中，如以指標生物監測水質來說，足見哈盆自然保護區的水質堪稱上乘！

交尾中的紅邊黃小灰蝶，成蟲日行性。

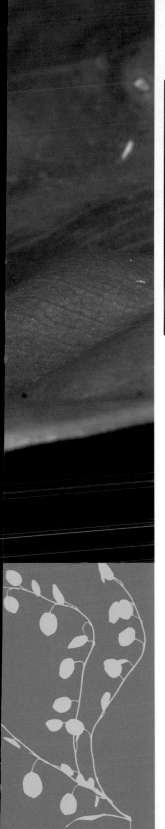

趨光的豆莢螟。

　　其他水棲昆蟲，像有如三葉蟲的扁泥蟲，宛如蜈蚣的石蛉幼蟲，喜成群徜徉水面的水黽，也都極為常見，所以哈盆自然保護區的溪流，也是理想的水棲昆蟲生態教室。

日蝶夜蛾各領風騷

　　哈盆自然保留區林木翕鬱，所以除了蛇目蝶類之外，陰暗的林道間，蝶影疏稀，只有在林道邊緣及野生蜜源植物多的地方，才可見到紛飛的彩蝶；在為期幾近兩年的調查中，我們共紀錄了八科八十七種蝴蝶，其中有九種是屬於台灣特有種蝶類，例如台灣鳳蝶、台灣麝香鳳蝶及台灣波紋蛇目蝶等。值得一提的是，已被列為台灣瀕臨絕種動物的寬尾鳳蝶，也分佈此區；曾屬於珍稀動物的曙鳳蝶，也不難在野花盛開的夏天出現。

　　蝴蝶是白天活動的鱗翅目昆蟲，入夜的哈盆，則是蛾類的天下；在兩年的調查中，我們共鑑定出十九科一八八種蛾類。其中像噴射機造型的天蛾，就有十五種之多；有「午夜妖姬」之稱的長尾水青蛾，則常在入夜不久，飛到燈光的白布幕下，姿態十分優雅！由於植物種類多，賴以維生的毛毛蟲自然豐富，所以如能深入探討兩者間的關係，也不難理出植物和昆蟲間的密切關係。

林中甲蟲威武嬌豔

　　在昆蟲中甲蟲是相當吸引人的一群，不過在調查期間所採獲的甲蟲卻遠比蝶蛾類為少，這可能和我們未深入茂密林間，而且未採集林

外型長相奇特二點赤鍬形蟲雄蟲具有明顯的大顎。

下枯木堆間的幼蟲有關；如果未來能深入這些棲地調查，再配合各種誘集甲蟲的方法進行採集，這兒的甲蟲將不止二十科六十種而已！

存入標本館中保存的哈盆地區甲蟲，有大家所熟知的寵物昆蟲——獨角仙、鍬形蟲；也有有「帶路蟲」之稱的八星虎甲蟲；有四種有「淑女蟲」之稱的瓢蟲；有「筍龜」之稱的大象鼻蟲；有「牛屎龜」、「推糞蟲」之稱的大糞金龜；還有叩頭蟲、螢火蟲、步行蟲、埋葬蟲……等，不勝枚舉！

哈盆森林間常可見地上點點螢光，這是山窗螢幼蟲在尋找獵物時發出的光。

1. 步行蟲是夜行性昆蟲。
2. 薄翅蟬是夏日常見的鳴蟲，歌聲清亮。

紅螢成蟲不會發光，是日行性的昆蟲。

撫昔追往美景可期

夏天的哈盆，是蟬類的世界，徜徉林間，陣陣蟬鳴，此起彼落；有匿身於禾草間小巧玲瓏的草蟬，也有棲身高樹上震耳欲聾的台灣騷蟬，熱鬧非常。入秋的哈盆，是鳴蟲的天下，入夜之後，營帳外鳴蟲嘰吱，有螽斯聲，有蟋蟀聲，幽人未眠！

不過，同行的助理、同事和同學，正好趁此在燈下，或捉蟲，或促膝長談，談研究，說未來；輕啜幾口咖啡，大口大口喝碗消夜綠豆湯，寵辱皆忘！所以越是接近自然越能體會閒雲野鶴的情趣！

距離哈盆自然保留區昆蟲資源調查的時間雖然有三十多年之久，不但和同學、助理、同事同行相處，共同體驗大自然的種種，宛如昨日；而

台灣長臂金龜雄蟲是最大型的金龜子，外
亮麗是保育類的野生物。

在這三十年間，我們國內的自然保育研究、自然教育與環境教育，幾乎一日千里！更足以令人欣慰的是，年輕一代的研究人才輩出，從他們踏實的步伐和自信的眼神，我已能窺出台灣生態保育研究璀璨的遠景！

擁抱發光的小精靈 ——
虎山觀螢

虎山是台北市民最近的登山步道之一

虎

慈惠

座標 X：
為了您的安
熟記登山
帶行動電
報案專線

虎山登山步道兩旁植被鬱蔭青翠。

在紙醉金迷之後的一座小山

　　台北市信義計畫區，台灣地價最高的地方，有高聳的101大樓、人潮洶湧的信義商圈、夜店、電影院、雪茄吧、Lounge bar……然而，就在這些都會夜生活商圈的後方，從信義路五段接福德街，右轉進入二五一巷，在巷底，卻是一個與都

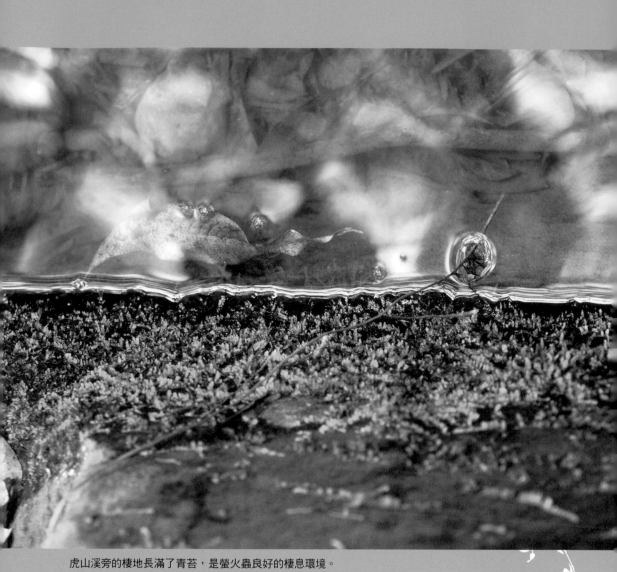

虎山溪旁的棲地長滿了青苔，是螢火蟲良好的棲息環境。

會夜生活型態完全不同的地方，這裡就是「虎山自然步道」──台北市的鬧區中，短短四十分鐘至一個小時行程的小徑，是台北人少數可以觀賞螢火蟲的地方。

虎山溪是匯集四獸山地區水源，下游匯接基隆河的小溪；隨著人口的增加和房屋的興建，虎山溪下游成為都市中的地下排水溝，但仍然保持原貌的僅僅剩下福德街二五一巷底以上的河道。整個虎山經過清朝以來居民的開墾，原始林早已不復存在，目前被三、四十年前所栽種的相思樹林所佔據。虎山溪兩岸的植被正逐漸恢復天然林的景致。然而自然環境也面臨到開發的衝擊和污染，例如大面積種竹子和檳榔、廟宇和附近住家產生的廢水直接排放、登山民眾或遊客所造成的垃圾、流浪狗的排遺及餵食流浪狗所剩下的食物……。這對於虎山溪水質及虎山自然步道的周圍環境，產生不小的衝擊。

整治後過重現自然

有鑑於虎山開墾情況嚴重，無法獲得良好的水土保持，使河道兩岸土石崩落，也間接影響下游地下排水溝的排水功能，於是一九九四年十二月起，台北市建設局開始對河川進行整治工作；虎山溪整治工程包含攔砂壩兩分支，總長約一三二〇公尺，河道成階梯狀，每隔二

～十七公尺設一階梯，造成十～五十公分不等的水流落差，某些區段河道中央擺設大型石塊，某些區段河道兩旁砌上石塊，石縫中填充土壤，兩岸護坡砌以圓形塊石，石縫或栽植植物，或填塞水泥，並設置一親水平台；於親水平台的一側設置鋪石平台，平台上設有一條兩邊砌以塊石，底面鋪上礫石和水泥的小水溝，以水管將山上的水源引導至小水溝，經小水溝流入主河道，形塑河道自然風貌。

由此可知，經過整治的虎山溪雖為人工溪流，然而在施工設計時，河道坡度、底質及景觀皆趨向多元化，因此除具視覺效果外，兩側花木扶梳，吸引不少遊客前來踏青、戲水；然而，過多的遊客依然

1. 每年的虎山賞螢季開鑼，由主辦單位舉行活動。
2. 虎山是四獸山之一，是台北市民親近自然最佳去處之一。

從虎山遠眺台北101大樓之夜景。

長滿苔蘚植物的石塊。

會對水域造成干擾，尤其是上游部分濫墾地，每逢雨季，土石、肥料、植物殘枝會隨雨水進入溪中，影響水質、景觀甚鉅。

螢回虎山

為喚起民眾對於溪流的愛護，一九九六年台北市政府建設局一方面加強宣傳，一方面取締濫墾，並砍伐濫種的檳榔和竹林，改栽當地原生樹種，例如樟樹、茄苳……等。台灣大學昆蟲保育研究室曾在當地殘存的水田中發現黃緣螢，因此引發台北市政府嘗試在虎山溪中段親水平台水溝內進行黃緣螢復育試驗計畫。從一九九七年秋天，台灣大學開始協助建設局培訓義工，展開「清溪活動」，將溪流中的各種「垃圾」，

溪岸邊長流水終年不斷。

包括人為野放的外來種動物，如巴西龜、錦鯉、吳郭魚……等予以移走；並選擇親水平台旁的小水溝，以人工營造方式重建黃緣螢的棲息環境；同時分六站解說生態工程、何謂復育、水棲動物、螢火蟲……等相關生態保育知識，吸引不少關心生態的市民參與；同時由義工和市民朋友在親水平台旁的小水溝中，以土石砌出緩流環境，並在溝側以黑紗網內襯水苔，營造黃緣螢的化蛹場所；經過半年多的棲地再造，親水平台旁的小水溝呈現自然風貌，小水溝內黃緣螢的食物——川蜷數量甚多，而附生於石頭上川蜷所賴以維生的藻類，也頗為繁盛，水底出現許多蝌蚪、黑殼蝦及小魚，使得小水溝十分適合黃緣螢幼蟲生長。

一九九八年二月二十二日，在台北市政府建設局、中華民國自然生態保育協會及台灣大學昆蟲學系合作下，進行第二階段的「歸螢活動」；參與的市民親手將台大人工繁殖出來之三～五齡的黃緣螢幼蟲，放置到義工所營造的黃緣螢棲地，之後由台灣大學昆蟲保育研究室的同學，持續追蹤野放黃緣螢幼蟲的存活、化蛹、羽化……等復育狀況；同年四月上旬，發現羽化成蟲；在此期間，因電視及報紙的陸續披露之下，有不少民眾前來賞螢，至此兩年三階段（「清溪」、

「歸螢」及「觀螢」）的活動，黃緣螢復育試驗宣告成功！如今，不但讓黃緣螢已能在當地立足，亦因進行棲地保護宣導，使當地另外兩種螢火蟲——黑翅螢及紅胸翅螢的數量增加，使台北每年的四、五月間，在熱鬧的信義計畫區附近，也能觀賞到螢火蟲！

螢火蟲在虎山

根據台大昆蟲系標本館的紀錄，四獸山地區除了黃緣螢之外，尚有紅胸黑翅螢及黑翅螢兩種陸生螢火蟲，野放黃緣螢成蟲出現時，協調台北市建設局、公園及路燈管理處進行燈光管制，也同時宣導勿用

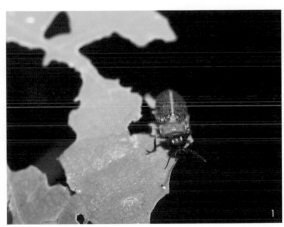

1. 黃緣螢成蟲，其幼蟲水生。　2. 黑翅螢成蟲，其幼蟲陸生。

水生黃緣螢生活史：
1. 成蟲交尾。 2. 卵。 3. 發光中的蛹。 4. 終齡幼蟲。

除草劑，使得在黃緣螢成蟲出現時，這兩種螢火蟲亦伴隨出現。而且這兩種陸生螢火蟲的發生數量遠多於黃緣螢，所以在每年四月上旬至五月中旬的賞螢季節，這兩種螢火蟲反而成為賞螢的主角。黑翅螢與紅胸黑翅螢外觀上十分類似，黑翅螢前胸背板橙黃色，翅鞘光滑，發黃綠色光，而紅胸黑翅螢背板桃紅色，翅鞘上有毛，發橙紅色光，發光頻率較黑翅螢為快。

　　虎山溪的賞螢路線，從虎山溪入口左側的階梯上去，約十五～二十分鐘的上坡路段，至三叉口右轉，就是主要的賞螢地點，此一賞螢地點是一段約五十～八十公尺的登山步道，由於此段步道並無路燈

1. 虎山溪旁的小溝是黃緣螢的棲地。　2. 小朋友作戶外觀察。

設置，所以當黑翅螢發生時，雄蟲皆聚集在步道旁的低矮灌木或蕨類植物上活動，而雌蟲則棲息於步道兩旁較高大的喬木上，在黑翅螢大發生的季節，這些黑翅螢的發光會同時明滅，十分壯觀。離開這段黑翅螢聚集的登山步道；繼續向前走經復興園，抵達真光禪寺前，無燈光照明的區域，便可發現紅胸黑翅螢的活動，可惜此段步道屬私人土地，於數年前，地主將此段步道封閉，於是建設局便繞過此土地，另建一條登山步道，在這條新的登山步道上，由於採用棧道式，且沒有架設路燈，所以可以發現不少紅胸黑翅螢在此活動；順著這條步道往下走，最後會回到虎山溪的入口。

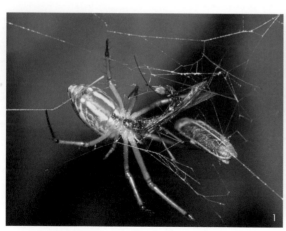 

1. 蜘蛛捕食黃緣螢。
2. 蜘蛛捕食橙螢。
3. 紅胸黑翅螢。
4. 於野外進行黃緣螢族群調查。
5. 為估算黃緣螢族群數量，以標示再捕捉法進行標放試驗。

尊重自然尊重生命

　　從一九九八年至今，台灣大學昆蟲保育研究室和中華民國自然保育協會已經連續九年，在每年的四月中旬到五月上旬舉辦虎山溪賞螢導覽活動；這十多年來，我們能與許多不知名的台北市民，一起分享這群美麗的小生物所帶來的感動，也算是保護這種小動物所帶來的善緣吧！

　　然而儘管虎山溪的螢光依舊，但是這麼多年來在虎山自然步道連續觀察，卻讓我們對於虎山這片螢光的未來無法保持樂觀。最重要的

問題是燈光，這幾年來在虎山自然步道兩旁路燈（白光燈）越來越多，雖然路燈可以保護夜間登山民眾行的安全，但是同時也造成螢火蟲，因燈光太強逐漸遠離棲地；虎山自然步道的螢火蟲族群數量，與台灣其他各地的螢火蟲族群比較起來是較少的，也因為族群數量較少，對於環境改變的忍受能力亦較低，所以路燈的增加，將更不利於螢火蟲的生存；除了燈光之外，當初從虎山溪中移除的外來物種（巴西龜、觀賞魚、福壽螺及美國螯蝦），又因為人為的放生逐漸出現在溪中，這些生物的存在，對於黃緣螢幼蟲的生存絕對是一個威脅。

造成這些問題的原因，恐怕還是保育生物學中一個主要議題——人本、物本、人能不能尊重自然及其他生命；這個問題的治本之道當然是加強民眾的保護意識和生態觀念，但是虎山溪的螢火蟲能等到那個時候嗎？回憶一九九八年的「歸螢」、「賞螢」活動，因為燈光管制的執行成效良好，使黃緣螢、黑翅螢及紅胸黑翅螢均能在不受影響的情況下自由活動，且越聚越多，但是這幾年來，為何現在放眼望去幾乎滿山燈火通明？我們的小燈籠——螢火蟲何以為家？

虎山自然步道的螢火蟲保育，絕對不是只有台灣大學昆蟲保育研究室、台北市政府建設局及中華民國自然生態保育協會的事；雖然螢火蟲保育所要關心的事項多如牛毛，但是如何落實保育措施，是我們

虎山步道上的光害是影響螢火蟲生存
的重要因子之一。

做好螢火蟲棲地保護後更重要的事！我們期待台北市政府能有更大的作為，尤其在螢火蟲成蟲發生季節能做好燈光管制工作；也期待更多的朋友能一起關心虎山的生態，讓我們有更長的許多九年能持續欣賞到這群大自然的小精靈。別忘了今年的賞螢活動，回來看看這群在繁華都會邊閃閃發光的小朋友吧！

領略鳴蟲的浪漫情懷 ——
蟋蟀螽斯迎秋啼

入秋的陽明山，晴空依舊，但拂面的秋風，已帶些許涼意！這時候，悠揚的暮蟬和悲切的騷蟬，依稀吹奏告別夏日的歌聲；放眼山稜、谷地，芒花迎風搖曳，令人心折的鳴蟲，正此起彼落，嘰吱不已！徜徉山徑步道，循聲追踪，各式各樣的蟋蟀，穿梭地面草花之間；而灌叢草間，螽斯振翅鼓噪，大唱情歌，為寂靜的山谷增添生趣！

「春聽鳥聲，夏聽蟬聲，秋聽蟲聲，冬聽雪聲。」這是清人張潮對於大自然蛩音吟咏的情懷；所以，在秋天時漫步陽明山間，除了能體會芒花和變色的林木所激發的詩意之外，也可以領略鳴蟲嘰吱的浪漫情懷。

蟋蟀螽斯皆鳴蟲

「鳴蟲」，廣言之是指所有善於鳴叫的昆蟲，包括我們所熟悉的蟬、螽斯、蟋蟀和其他具有發音器官，會藉以振動、打擊或摩擦發音的昆蟲。但如就狹義的觀點來看，是專指振翅摩擦發音的螽斯和蟋蟀兩類昆蟲。

在昆蟲分類學上，這兩類昆蟲屬於直翅目；這一目昆蟲的特色是前翅平直呈革質，後翅為膜質；頭部是下口式，觸角呈絲狀或鞭狀，

螽斯前翅上的發音有明顯皺褶，是一種常見的鳴蟲。

1. 綠色型的台灣騷斯在草叢間具有良好的隱身效果。
2. 小稻蝗的臉譜，其觸角較短。
3. 台灣大蟋蟀在土洞前鳴聲高歌。
4. 擬葉斯若蟲，雌性個體產卵管發達。

具有發達的單、複眼。前、中腳為步行式，後腳為跳躍式。在螽斯及蟋蟀兩科昆蟲的雄蟲，前翅上均具有發音器；因此不難藉此區分雌雄。翅面上的發音器包括銼刀狀的彈器，具有鋸齒列的弦器和薄而易於振動的震區。發音的時候，前翅會微微提舉，使翅和身體呈十五～四十五度角，再以翅的彈器和另一翅的弦器相互摩擦，振動震區發出聲音。

　　一般而言，蟋蟀是右前翅在上，左前翅在下；而螽斯則恰好相反；所以有人戲稱蟋蟀是「右撇子」，螽斯是「左撇子」。發音的目的，以蟋蟀來說，不同的聲音有不同的象徵意義，但不外乎呼朋引

1. 黃斑黑蟋蟀雌蟲。　　2. 螽斯後足腿節粗壯適合彈跳。

剪斯的臉譜，大顎特別發達。

伴、打鬥示警及作求偶用；但螽斯的音域則不像蟋蟀那麼複雜。

在直翅目中，和螽斯、蟋蟀一樣藉翅之摩擦發音的，還有螻蛄；這類昆蟲能飛、能跑、能爬、能游泳，甚至還會鑽地道，似乎十八般武藝都會，但樣樣不精；牠們具有耙子般的前腳，還算是挖地洞的好手。由於這類昆蟲穴居地洞之中，以植物根系為食，因此常被視為害蟲。這類昆蟲，也會摩翅而歌，但由於穴居的緣故，聲音小而低沉，可是古人不察，以為這種來自地洞的聲音是蚯蚓的叫聲，其實蚯蚓是不會鳴叫的！

鳴聲行為均有趣

蟋蟀古稱「促織」，其實查閱古書，可發現由於時代不同、地區不同，蟋蟀有許多別稱，包括蜻蛚、蛬孫、吟蛩、莎雞、懶婦、䖟、酸雞、蛬秋、紡績、梭雞、蛐蛐、灶馬、馬蟥、天雞及樗雞等，令人眼花撩亂！

這類鳴蟲，頭上具有長長的觸角，軀體略呈長筒形，還有一對善跳的發達後腳；大多數的種類是棲息地面土塊、木片、瓦礫、石縫之間；有些種類，例如常做食用昆蟲的台灣大蟋蟀，則穴居地道之中。不過，也有少數種類，像樹蟋蟀，便是棲息樹上捲葉式蛾類的廢巢之

中。一般而言，這類鳴蟲都是植食性或雜食性的，飼養方法頗為簡單，只要養蟲箱內佈置成草地或灌叢的環境，內放可供牠棲身的樹皮、木片，再放些貓、狗飼料，或青菜、小黃瓜、小魚乾、柴魚片、玉米粒，供其食用即可。由於鳴聲有趣，雄蟲又有打鬥的習性，所以這是一種可供觀察和賞玩的小寵物！如欲錄製其聲音，不妨藉此飼養的方式先馴養好，再予錄音。

陽明山國家公園內究竟有多少種蟋蟀，各種蟋蟀的聲音，習性如何，由於長久以來都沒有專人進行研究，所以對任職公園處的同仁而言，不啻是一項有趣的自行研究素材！

聆聲觀鬥兩相宜

在中國，長久以來一直把蟋蟀視為農閒、業餘的小寵物，非但民間鬥蟋蟀甚盛，官宦世家也常迷鬥這種鳴蟲；以王仁裕之「開元天寶遺事」所記為例，稱當時賞玩此蟲上自宮廷，下至尋常百姓家：「每至秋時，宮中妃妾輩皆以小金籠提貯蟋蟀，閉於籠中，置之枕函畔，夜聽其聲。庶民家皆效之也。」

正因如此，歷代為玩賞此蟲，已發展出許多飼養及比鬥此蟲的瓦

這是台灣民間用來打鬥的蟋蟀 —— 黃斑黑蟋蟀，俗稱黑龍仔。

罐和蟋蟀盒；一般都以陶製品、木製品為主，但講究的還有金製、銀製或銅製的器皿，甚至還有象牙、龜甲、牛角及羚羊角之類的角製品，實令人喟嘆古人的確太懂得享受了！

　　而由於雄蟲有領域行為，為爭奪食物、地盤或配偶，會以行動和聲音和對手比鬥；因此在民間，鬥蟋蟀之風氣十分興盛！但比鬥有輸有贏，是故蟋蟀便成了時人的活賭具，把中國人愛賭、好賭的習性在「鬥」蟋蟀中發揮得淋漓盡致！

1. 螻蛄雄蟲前足會挖土洞，但牠也是一種鳴蟲，晚間會發出低沉的鳴唱聲。
2. 金琵琶是秋季草叢間常見的鳴蟲。

樹蟋蟀常於樹葉間活動的種類，聲音高亢清脆。

螽斯的若蟲的顏色豔麗，其觸角長於身體達5倍的長度，可與蝗蟲的若蟲區別。

台灣騷斯體色多變，左圖：綠色型；右圖：褐色型。

鳴聲切切欲何如

　　在農業社會，蟋蟀無疑的成為中國人休閒文化之一，因此翻開詩歌、詞賦，處處可見以此鳴蟲為素材的文字；以唐朝杜甫的「促織」詩來說，便是蟋蟀聲發抒心緒：「促織甚微細，哀音何動人；草根吟不穩，牀下夜相親。久客得無淚，故妻難及晨；悲絲與急管，感激異天真。」

　　其他類似的詩句，例如張喬的吟「促織」；「念爾無機自有情，迎寒辛苦弄梭聲；椒房金屋曾何織，偏向貧家壁下鳴。」

耐人尋味的是在多數文人的眼中，蟋蟀的聲音是哀怨、悲淒的象徵；像顧琢的「蟋蟀」：「蟋蟀關何事，哀音入夜偏，寥寥閑水漏，切切亂鳴絃。乍逐微風斷，還從疏雨連，閨中有思婦，怪爾不成眠。」

　　除此，亦不乏諸多寫意、寫實的「蟋蟀賦」、「秋蟲賦」；自古文人多愁善感，亦可自此窺出一斑！

迎秋蟈蟈叫哥哥

　　蟋蟀固然可愛，螽斯更頗引人入勝！尤其其外型優雅，頗惹人憐

1. 台灣棘腳螽斯雄蟲鳴聲高亢尖細。　　2. 鈴蟲的鳴聲宏亮悅耳。

邯鄲是低海拔山區常見的鳴蟲。

愛！一般說來，螽斯的軀體較蟋蟀側扁，由於多數種類都棲身草叢灌木之間，體色以綠色型為多；不過也有人常誤認此蟲為蝗蟲，其實蝗蟲觸角短粗，而螽斯之觸角往往比身體還長，所以不難區別！

這類鳴蟲，也是以前翅的發音器相互摩擦而發出聲音的；聲音也就成為牠們求偶的訊號。而這類可愛的鳴蟲和蟋蟀一樣，都是以長在前腳脛節上的小窗型「耳朵」來傾聽同伴和周遭的聲音。

螽斯的聲音、節奏鮮明，有如古時女子紡織時，紡織機所發出的聲音，因此這類鳴蟲又有「紡織娘」之稱；同樣的，由於時代不同、地區有別，這類鳴蟲也有許多別名；例如草螽、斯螽、負蠜、蜇螽、

1.台灣大蟋蟀雄蟲。　2.黑翅細斯雄蟲。　3.擬葉斯一種。　4.細剪斯。

蚰蜻、螌螽、螇蚸、土螽、蠰谿、絡緯……，不勝枚舉！另外，這類鳴蟲還有許多有趣的「土」名，例如蛞子、蟈蟈、蟈蟈兒、聒聒兒、叫哥哥……。

絡緯秋夜草山啼

一般說來，螽斯的聲音要比蟋蟀清脆，而且節律更為分明；明朝袁宏道曾比較兩者的聲音：「蟈蟈兒聲與促織相似，而清越過之；露下淒聲徹夜，酸楚異常，俗耳為之一清。」有趣的是，不同種類的螽斯，所發出的聲音也不一樣；據載台灣已知的螽斯至少有三十餘種，

3　4

中國古玩中將賞鳴蟲的藝術價值提昇到文化層次，精美的容器是極美的藝術品。

但在陽明山國家公園內,究竟有多少種類,由於無持續性的調查資料,所以也是猶待「開發」的趣味昆蟲學領域,盼有志者好自為之!

由於雄螽斯善鳴,在中國大陸,馴養此蟲賞玩的歷史,由來已久;有關此蟲之飼養方法及玩賞方式,在清朝的藝蘭生之「側帽餘譚」中有此生動的描述:「雛伶尤好蟈蟈,形如絡緯,以羽作聲,飼以丹砂,腹赤有光,能耐寒,恒以葫蘆貯之。葫蘆以色似蜜蠟者為佳,雕刻花鳥,較緻絕倫,有貴值數十金者。每當酒熱春溫,諸伶自繡襦,比較優劣,或口作呼呼細響,蟈蟈即應聲歡鳴。」

玩物喪志為螽斯

其實,螽斯和蟋蟀一樣,昔為宮廷小寵物,但不久也為庶民的玩物;在封建時代,官宦世家對於此種的飼養容器也相當講究,有竹編、木條編製的蟲籠,也有瓠雕、銅雕的容器,都極為精緻!

在中國江南及北方,夏、秋飼養此蟲仍頗普遍,一般是以竹製蟲籠,懸掛屋簷,日夜聆賞其聲,極具野趣!二十年前我曾在蘇州以人民幣兩元購得螽斯一隻,連蟲帶籠,置之遊覽車中,沿途嘰嘈不已,稍遣旅途之寂寥!然而由於夜宿酒店,鳴聲如「雷」,所以在杭州時,便將之送人了!如今,江南所馴養的這種短翅螽斯,也就是我們

故宮「翠玉白菜」上所能見到的那隻栩栩如生的大螽斯！可惜不久再赴故宮，發現此螽斯已斷一觸角及部分肢腳，令人悵憾！

蟲喓喓伴芒花

　　《詩經》是最早登載螽斯的古書，在「詩經周南」有如下的記：「螽斯羽，詵詵兮；宜爾子孫，振振兮！螽斯羽，薨薨兮；宜爾子孫，繩繩兮！螽斯羽，揖揖兮；宜爾子孫，蟄蟄兮！」這首詩是藉著螽斯振翅發出巨聲，成群飛上天空，顯現偌大的族群，祝福人們多子多孫多福氣！

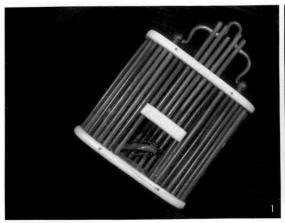

1. 收容鳴蟲的容器。
2. 外型雕刻精美的蟈蟈罐。
3. 擬葉蜇一種，外型極似樹葉。
4. 扁螽斯。

而在許多詩詞中，螽斯代表秋天的時分，古文人也常以其聲音抒懷；像詩仙李白就有：「長相思，在長安，絡緯秋啼金井闌。」的詞句。宋真山民詩曰：「絡緯數聲山月寒。」以螽斯的聲音和秋月、寒意連在一塊兒。至於元人楊維禎則有：「多情雙絡緯，啼近妾寒機。」之雅句。明人貝翔則以螽斯聲音迎秋：「高城月白風淒淒，夜聞絡緯迎秋啼。」

　　在古書中吟咏螽斯的詩詞，雖然沒有蟋蟀那麼多，但由許多藝術作品──古畫及雕刻中，經常能發現螽斯栩栩如生的「芳踪」；另外，由中國大陸江南、江北一帶普遍馴養成寵物的現況來看，我們不

3

4

邯鄲的鳴聲清亮高亢。

難體會這類鳴蟲在中國人日常生活中所佔的地位；不過，在台灣飼養這種鳴蟲則頗罕見，今後兩岸交流如日益頻繁，說不定有一天我們也可見到這類鳴蟲出現在寵物店的貨架上呢！

螽斯的飼養方法和蟋蟀相似，大多為雜食性或植食性的，只要提供小黃瓜或梨、蘋果、番石榴之類的水果片，養個一、兩個月沒有什麼問題！不過，前、中腳脛節上有脛刺的種類，都是肉食性的，除了供以瓜果之外，應添些柴魚片、小魚乾供牠食用。

聆蟲得上陽明山

陽明山的秋天，如詩如畫，不論白天、晚上，只要穿梭已開闢的自然步道，或荒僻的山徑，都可聆賞到蟋蟀和螽斯這兩類鳴蟲的聲音。這些鳴蟲有如銅鈴般清脆的，有如鋸琴般悠揚的，但也有如水管破裂水流噴出的聲音；有求偶、有標示領域的，但也有呼朋引伴的，都能展現其生命的意義。因此，在仰看白雲晴空，飽覽芒花和變色的林木時，不妨敞開胸懷，好好的聆賞這些自然的蟲音！

「西風院落花人語，白露冷冷滴秋宇；仰見月明河漢高，咿軋哀蛩弄機杼。」秋風已送，嘤嘤草蟲抒秋聲，何不趁此結伴草山遊！

蝶影翩翩 ——
賞蝶就到陽明山

陽明山花季吸引遊客上山賞花。

「江南蝶，斜日一雙雙，身似何郎全傅粉，心如韓壽愛偷香，天賦與輕狂；微雨後，薄翅膩烟光，才伴遊蜂來小院，又隨飛絮過東牆，長是為花忙。」

這是宋代大儒歐陽修的「望江南」，由這首詩，我們不難想像蝴蝶在紅花綠葉間婆娑起舞的情景是多麼的引人入勝！所以，儘管許多人對於昆蟲的印象並不怎麼好，但蝴蝶則不然；甭說騷人墨客時為文誦頌、謳歌，就是凡夫俗子也會以通俗的辭句表達愛蝶的感受。

翩翩蝶影目不暇給

陽明山國家公園是台灣北部重要的蝶類產地，也是賞蝶的好地

青斑蝶是陽明山地區優勢的蝴蝶，左圖：青斑蝶；右圖：小青斑蝶。

吸食冇骨消花蜜的大紅紋鳳蝶。

方，根據台灣大學昆蟲保育研究室的調查得知，分佈於此區的蝶種竟然多達一五一種，幾達台灣產蝶種的五分之二；而且各式各樣的蝶類，終年可見，其中以每年的四至十月間為成蟲發生盛季；尤其五至九月間，只要天氣晴朗，徜徉於國家公園內，蝶影翩翩，令人心曠神怡；當食茱萸、風不動藤或賊仔樹的花兒盛開之際，數以百計的蝶類，群集吸食花蜜，形成「蝴蝶樹」的情景，更是蔚為奇觀！

賞蝶就到陽明山

而在國家公園區中，尤以大屯山及面天山區的蝶相最為豐富；在澤蘭、冇骨消盛開的季節，大群的斑蝶及款款起舞的鳳蝶，更為碧綠

1. 姬小紋青斑蝶吸食紫花霍香薊的花蜜。　2. 黑脈樺斑蝶吸食長穗木的花蜜。

賞蝶步道是戶外環境教育的良好場所。

1. 青帶鳳蝶。
2. 台灣黃蝶
3. 黑端豹斑蝶
4. 樹蔭蝶。

的原野叢林增添幾分姿色！

　　根據調查，活動於大屯及面天山區的蝶類達一三四種之多；其中鳳蝶科有二十一種；粉蝶科有十五種；蛺蝶科三十二種；斑蝶科有十一種；蛇目蝶科有十七種；小灰蝶科有十五種；挵蝶科則有二十三種。至於發生數量，以一九八六年全年之二十四次調查為例，共記錄了一七九八七隻蝶類！數量之豐富，的確令人咋舌！因此陽明山國家公園特地把此一區域規畫為「蝴蝶花廊」，以供遊客賞蝶，研究這類素有「大自然舞姬」之嬌豔昆蟲。

　　除此之外，內外雙溪、二子坪入口至北新莊及陽明山公園，也都是賞蝶的好去處；即使鹿角坑溪生態保護區，也有六十八種蝶類活躍著。

　　朋友，您對蝴蝶是不是也感興趣？

何不利用假日在賞蝶季時到此一遊？如有雅興，只要多加鑽研，也不難成為業餘的蝶類學家喔！

陽明山國家公園賞蝶須知

賞蝶季：每年五～十月，而以六～八月最佳。

天氣：晴朗有太陽之天氣，早上八點至下午二點之間。

服裝：長褲、步鞋、便帽，上衣以鮮明易辨者為佳。衣、褲以多口袋者為宜。

裝備：雙筒望遠鏡（八～十倍）、放大鏡、寬頭鑷子、筆、筆記

1. 細蝶幼蟲取食蕁麻科植物。
2. 圓翅紫斑蝶幼蟲取食榕樹。
3. 經常使用的賞蝶工具書。
4. 賞蝶的基本裝備。

本、蝶類圖鑑,簡易陽明山國家公園路線圖;如經管理處許可,可攜帶捕蝶網,但蟲體捕捉辨識後即放回。

備註:如欲辨識蝶類幼蟲,必得認識幼蟲之寄主植物,在寄主植物上尋找幼生期個體。

蝶類之蜜源植物

澤蘭類(*Eupatorium* spp.)

冇骨消(*Sambucus formosana*)

拎壁龍(風不動藤,*Psychotria serpens*)

3　4

蝴蝶重要的食草與蜜源：1.食茱萸。　2.桑寄生。　3.冇骨消。　4.美洲朱槿。

食茱萸（*Zanthoxylum ailanthoides*）

賊仔樹（*Tetradium glabrifolium*）

馬纓丹（*Lantana camara*）

金露花（*Duranta repens*）

朱槿（*Hibiscus rosa-sinensis*）

繁星花（*Pentas lanceolata*）

馬利筋（*Asclepias curassavica*）

蝶類幼蟲之寄主植物（食草）

雖少數蝶類會以十字花科蔬菜及芸香科果樹之葉片為食，但絕大多數蝶類對經濟性植物並不會構成大的威脅。在陽明山國家公園內，蝶類幼蟲之主要寄主植物歸類如下：

馬兜鈴類（*Aristolochia* spp.）：大紅紋鳳蝶、紅紋鳳蝶、台灣麝香鳳蝶、麝香鳳蝶、雙環鳳蝶。

紅楠（*Machilus thunbergii*）：斑鳳蝶。

柑橘類（*Citrus* spp.）：黑鳳蝶、玉帶鳳蝶、柑橘鳳蝶、無尾鳳蝶、大鳳蝶。

飛龍掌血（*Toddalia asiatica*）：無尾白紋鳳蝶、黑鳳蝶、玉帶鳳

1. 淡紫粉蝶。2. 狹翅挵蝶。3. 白挵蝶。4. 鸞褐挵蝶。
5. 雌白黃蝶。6. 大波紋蛇目蝶。7. 小蛇目蝶。8. 姬黃
三線蝶。9. 白三線蝶。10. 黑端豹斑蝶。11. 黃裳鳳
蝶。12. 台灣黃蝶。13. 琉球青斑蝶。14. 小紋青斑蝶。
15. 姬小紋青斑蝶。

陽明山常見的蝴蝶蜜源與食草：1. 菝契。　2. 賊仔樹。　3. 馬利筋。　4. 鷗蔓。

蝶、台灣鳳蝶。

　　玉蘭（*Michelia alba*）：青斑鳳蝶。

　　魚木（*Crateva adansonii subsp. formosensis*）：端紅蝶、台灣粉蝶。

　　合歡（*Albizia julibrissin*）：黃蝶類。

　　鐘萼木（*Bretschneidera sinensis*）：輕海紋白蝶。

　　十字花科（*Cruciferae*）：紋白蝶，台灣紋白蝶。

　　鷗蔓（*Tylophora ovata*）：琉球青斑蝶。

　　榕樹類（*Ficus* spp.）：圓翅紫斑蝶、石墻蝶、琉球紫蛺蝶。

　　菫菜類（*Viola* spp.）：端黑豹斑蝶。

　　苧麻（*Boehmeria nivea*）、蕁麻（*Urtica thunbergiana*）：紅蛺蝶、
細蝶。

　　雙面刺（*Fagara nitida*）：黑鳳蝶、流星蛺蝶、大綠挵蝶。

　　賊仔樹（*Tetradium glabrifolium*）：烏鴉鳳蝶。

　　食茱萸（*Zanthoxylum ailanthoides*）：黑鳳蝶、柑桔、鳳蝶、烏鴉
鳳蝶。

　　鐵刀木（*Cassia siamea*）：淡黃蝶類。

　　羊蹄（*Rumex japonicus*）、火炭母草（*Polygonum chinense*）：紅
邊黃小灰蝶。

台灣馬藍（*Strobilanthes formosanus*）：枯葉蝶。

禾本科（Gramineae）：波紋蛇目蝶類、小蛇目蝶類。

竹類（Bambusaceae）：白條斑蔭蝶及其他蔭蝶類。

馬利筋（*Asclepias curassavica*）：樺斑蝶。

樟樹（*Cinnamomum camphora*）：黃星鳳蝶、青帶鳳蝶、寬青帶鳳蝶。

山刈葉（*Evodia merrillii*）：大琉璃紋鳳蝶。

大鳳蝶。

大自然的舞姬 ——
蝴蝶勝地陽明山

翻開中國古典文學，我們不難發現有關蝴蝶的記載及詩詞歌賦；其中最為久遠的，要數戰國時代莊周（西元前396～286年）的《莊子》了！在此書中，有所謂「鳥足之葉化蝶」之說。

　　然而在詩詞中詠頌蝴蝶最為膾炙人口的，則非唐代詩聖杜甫（西元712～770年）和北宋時期有「謝蝴蝶」之稱的謝逸（西元1068～1113年）莫屬！在杜甫的詩詞中，吟詠蝴蝶的題材，例如：「穿花蛺蝶深深見，點水蜻蜓款款飛。」

扇畫上的飛蝶與螳螂生動有趣。

陽明山的親水步道。

「風輕粉蝶喜，花暖蜜蜂喧。」

這些都是寫實、寫景的作品，依然流傳千古！

至於謝逸，可謂是文學史上的「蝶癡」，因為在北宋時期，他曾在短短十四年中，共作了三百首蝶詩，堪稱空前絕後！其中依然膾炙人口的詩詞，例如：

「西風掃盡狂蜂蝶，獨伴天邊桂子香。」

「香迷野徑蝶難親。」

「舊日郭西千樹雪，今隨蝴蝶作團飛。」

「刺桐花上蝶翩翩。」

「蛺蝶意殘花底霧。」

創作之豐，對蝶之癡，的確前無古人，後無來者！

其實，以蝶之俏，就是凡夫俗子，面對翩翩彩蝶，也會由衷喟嘆！所以，稱牠們為「大自然的舞姬」，實在十分貼切！當然，在昆蟲之中，蝴蝶無疑是最受歡迎的一群。

蝴蝶勝地陽明山

在我們的周遭，在野外，蝴蝶都是最引人注目的昆蟲；所以只要蝴蝶多的地方，每年蝶季一到，總會誘來許多捕蝶、賞蝶的人群；陽

陽明山常見的蝴蝶：1.豹紋蛺蝶。　2.琉璃波紋小灰蝶。　3.黑紋挵蝶。　4.紫單帶蛺蝶。

1. 圓翅紫斑蝶。　2. 大綠挵蝶。　3. 樺斑蝶。　4. 小青斑蝶。　5. 玉帶鳳蝶。

明山國家公園由於植物相複雜，蝴蝶種類和數量都相當多，因此長久以來，就是台灣重要的蝶類盛產地，也是賞蝶的好地方。

根據台灣大學昆蟲保育研究室的調查得知，分佈在陽明山國家公園內的蝴蝶，達一五一種，足見蝶種之豐富！而蝶種和數量最多的是大屯山及面天山區，共有一三四種。其他地方，像內、外雙溪區有八十五種；鹿角坑生態保護區則有六十八種；但鄰近國家公園的陽明山公園則只有四十七種。由此可見，本區的蝶類以大屯山及面天山區最多。

正由於大屯山及面天山區全年出現的蝶種多、數量多，大型漂亮的種類也多；加上當地植

被豐富、植物相複雜，交通方便、路況良好，因此陽明山國家公園便在這兒設置「蝴蝶花廊」；在每年蝶類發生的盛季，舉辦許多賞蝶活動，一方面以蝶類做為遊憩、解說資源，另一方面也算是推展科學教育、自然教育的活動。

「蝴蝶花廊」蝶翩翩

根據台灣大學昆蟲學系的規畫，「蝴蝶花廊」的主線包括五～七月份的「青斑蝶道」──大屯登山車道及六～九月份由二子坪步道，經二子坪、柑桔園、三聖宮至北投的清天宮；其中以二子坪入口至柑

1. 小紋青斑蝶。　2. 青斑蝶。　3. 台灣鳳蝶雄蝶。　4. 烏鴉鳳蝶

桔園、三聖宮一帶蝶況最佳；許多大型的鳳蝶，例如大紅紋鳳蝶、烏鴉鳳蝶、黑鳳蝶、大鳳蝶，柑桔鳳蝶及玉帶鳳蝶，每年發生數量都相當多；這是因為附近有豐富的幼蟲食草——柑桔類及台灣馬兜鈴的緣故。

在粉蝶類方面，本區較多的種類有端紅蝶、台灣粉蝶及荷氏黃蝶；鄰近甘藍菜園的地區，紋白蝶和台灣紋白蝶數量亦多。在蛺蝶方面，琉璃蛺蝶、紅蛺蝶、黑端豹斑蝶、黑擬蛺蝶及擬態效果最佳的枯葉蝶都是代表性的種類。斑蝶類方面，本區共有六種青斑蝶類，其他像圓翅紫斑蝶、斯氏紫斑蝶及黑脈樺斑蝶，數量多得令人咋舌！尤其

3 4

是青斑蝶類，每年一到澤蘭開花的季節，大屯登山步道及車道兩側，青斑蝶、小青斑蝶群集吸蜜的鏡頭，蔚為奇觀！

　　在蝴蝶中，蛇目蝶類和挵蝶類是較不起眼的一群，前者代表的蝶種有黑樹蔭蝶、台灣波紋蛇目蝶、小波紋蛇目蝶及大波紋蛇目蝶；而後者較多的是大綠挵蝶及黃條褐挵蝶。至於小灰蝶類，素有森林「活珠寶」之稱，因為這些嬌小的蝶類，在陽光下彩翼閃爍生輝，飛得又快，往往令人目不暇給！本區的小灰蝶，則以紅邊黃小灰蝶、埔里波紋小灰蝶及沖繩小灰蝶數量較多。

1. 雙環鳳蝶。　2. 台灣麝香鳳蝶。　3. 台灣波紋蛇目蝶。　4. 枯葉蝶。

陽明山蝶類特色

　　而在一五一種蝴蝶中，屬於台灣特有種的共有十一種；包括鳳蝶科的台灣鳳蝶、台灣麝香鳳蝶及雙環鳳蝶；粉蝶科的江崎黃蝶、蛇目蝶科的台灣波紋蛇目蝶、大波紋蛇目蝶及江崎蛇目蝶；蛺蝶科的台灣小紫蛺蝶、埔里三線蝶；小灰蝶科中的高砂小灰蝶及挵蝶科的黃條褐挵蝶。

　　除了十一種台灣特有種之外，陽明山國家公園蝶類的特色包括外型豔麗、飛翔姿態優雅的大紅紋鳳蝶數量頗多，成蝶幾乎終年可見；其他大型鳳蝶、斑蝶、蛺蝶亦多。每年五至七月青斑蝶類大發生；以

3

4

擬態著稱的枯葉蝶，在本區柑桔園一帶尤多；由於附近柑桔園多，因此以柑桔葉片為食的鳳蝶類特多；在七、八月份食茱萸、賊仔樹及風不動藤開花的季節，群蝶吸食，形成「蝴蝶樹」奇景。在台灣其他地區較為少見之輕海紋白蝶、黃星鳳蝶及斑鳳蝶，本區數量尚稱可觀。

賞蝶就上陽明山

所以，只要您有雅興，陽明山國家公園的確是賞蝶的好地方！可是，賞蝶必須具備哪些裝備呢？要注意哪些問題呢？

1. 陽明山的親水步道。　　2. 賞蝶步道兩旁種滿了蝴蝶的蜜源與食草。　　3. 鐵色絨毛挵蝶的幼蟲。
4. 姬雙尾蝶的幼蟲。

注意天氣：蝴蝶喜歡在晴朗的天氣下活動，所以如果天氣陰雨並不適當。而在一天之中，吸蜜性蝴蝶活動時間是在早上八～十點及下午二點～四點之間活動，所以要欣賞蝴蝶必須先了解蝴蝶活動的時間。

　　服裝：陽明山國家公園的自然步道寬闊，因此長褲、短褲、短袖上衣皆宜；最好穿步鞋或輕便鞋。

　　賞蝶摺頁及圖鑑：要辨識蝴蝶，這兩份資料是必備的；前者在陽明山國家公園的遊客中心有販售；後者可在各大書店詢問購買；現在

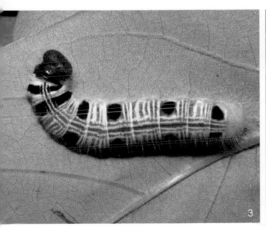

1. 黑鳳蝶成蝶。　2. 紅紋鳳蝶的幼蟲。　3. 台灣烏鴉鳳蝶的幼蟲。　4. 細蝶的幼蟲。　5. 大綠挵蝶的幼蟲。

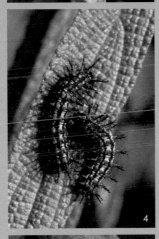

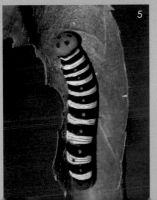

有關台灣蝶類的書籍已有一～二十本左右，可任意選購。

　　注意蜜源植物，認識幼蟲食草：本區的蜜源植物相當多；在夏天冇骨消是最理想的蜜源植物，其他許多菊科植物及賊仔樹、食茱萸也是很好的蜜源植物。在春天時，南國薊、澤蘭及野當歸也都是許多蝶類所鍾愛的。觀察蜜源植物時不妨多注意除了蝴蝶之外，是不是還有許多嗜蜜性的昆蟲，像蜂、虻、蠅及甲蟲「進出」花間？至於幼蟲食草，本區以柑桔類、台灣馬兜鈴、牛獼菜、魚木、堇菜、樟樹及台灣馬藍等為主要幼蟲食草；如想認識植物，也可在管理處的遊客中心選購介紹植物的書籍。

　　陽明山國家公園的蝶季是每年的五～九月；五～七月份以欣賞大群的青斑蝶類為主：六～九月如漫步另一段「蝴蝶花廊」，所能看到的種類更多。一般賞蝶最好能有把

捕蟲網，但根據國家公園法，持捕蟲網在區內活動必須事先申請核准才行；還好，每年管理處的解說教育課常辦賞蝶活動，有些駐站服務的解說員通常會持網介紹，遊客在觀察完之後即將蝶放生，因此如有興趣，不妨洽詢解說課參加這類活動。

「青斑蝶道」奧祕多

　　「為什麼每年一到五月份起，陽明山國家公園的青斑蝶類會那麼多？」這是許多專家和業餘者一向所困惑的。為此，我們曾進行十多年的調查和試驗。為了揭開這個謎底，我們擬了幾個問題：

　　1.每年群集澤蘭上的青斑蝶類到底有多少種？是哪些種類？哪些是優勢種？

　　2.這些青斑蝶類從何處來？是越冬的個體？還是剛羽化的個體？幼蟲棲地在哪裡呢？

　　3.澤蘭上吸蜜的個體相當多，但究竟有多少呢？

　　4.這些蝴蝶和澤蘭間究竟有沒有共進演化的現象？

　　5.除了青斑蝶類，還有哪些蝴蝶也會出現在「青斑蝶道」上？

捉放斑蝶找答案

　　為了揭開這些謎底，我們研究室幾乎總動員，決定藉著標識再捕法（Mark-Release-Recapture）來追蹤這些問題。

　　經過多次預先試驗，我們挑選出市售的標籤紙黏貼翅上作標記，而以釋放再捕法來估算青斑蝶的數量、壽命及飛翔距離等問題。經一九八九年多次採樣（共獲五七五九隻）得知，出現此區之青斑蝶類共有六種，此即青斑蝶、小青斑蝶、琉球青斑蝶、小紋青斑蝶、姬小紋青斑蝶及淡小紋青斑蝶；有趣的是青斑蝶和小青斑蝶竟然佔了98

1. 捕捉紫斑蝶類。　2. 進行紫斑蝶的標記。

％，前者則為70.57％，後者為27.59％。所以第一個謎底終揭開了！此區之優勢種是青斑蝶和小青斑蝶。

這些蝴蝶從何而來呢？我們除了一方面勘察所能走到的地方找這些蝴蝶的幼蟲和食草之外，也把所採獲的個體依翅面的新鮮與否和完整程度分成最好、好及劣三級；結果前兩者合佔84.5％；但前四次的調查則全在90％，換句話說，這些青斑蝶大多數是來自區內或附近，只有少數個體可能來自他處或本區越冬的個體；這也從找到許多幼蟲食草和幼蟲個體獲得佐證。但為了找這些幼蟲和食草，同學們和助理幾乎卯足了勁兒！有趣的是除了第二次的雄蟲比例為52.3％之外，以後各次雄蟲均佔採樣個體的90％以上，何以雄蟲會如此高的比例出現在澤蘭花上？由觀察和蒐集的文獻中分析，這可能是雄蟲交尾後仍留花上吸蜜，但雌蟲在交尾之後便分散到幼蟲棲地產卵；雄蟲可能需要從花中獲取合成性費洛蒙之類的物質，或花中含有其喜愛之物質。因為我們發現到了澤蘭開花末期，雄蝶仍會吸食乾枯的花朵；不過為證實此一現象，目前我們正從澤蘭成分及青斑蝶的腺體作進一步分析。

數以萬計青斑蝶

接下來是令我們最為費神的問題，究竟有多少隻青斑蝶出現在澤

蘭花間？由統計數字顯示，以青斑蝶來說，如根據Bailey Method估算，最多的時候在六月中下旬，約有十四萬隻；但如據Jolly-Seber's Methed分析，也有九萬多隻；足見此蝶族群的確甚大！當然，這只是估計值，如能標識在萬隻以上，回收率更高，估算值必將更為可信。但此一試驗我們幾乎動員了十人連續做六次標記，其辛苦可想而知！

而小青斑蝶的族群雖沒有青斑蝶那麼大，但發生高峰也在二～七萬隻之間；也難怪許多朋友每年在這段期間和我一起上山賞蝶時，總會驚呼這一輩子從來沒有看過那麼多蝴蝶！令人印象深刻的是這些蝴蝶一旦在澤蘭上吸蜜，靠近用手輕撫牠們的身體，牠們依然不太怕

賞蝶步道是良好的自然體驗場所。

人，即使飛了起來，又會立刻在鄰近的花上吸起蜜來，所以有些小朋友戲稱牠們為「笨」蝴蝶！

澤蘭斑蝶難分離

然而，何以每年總是在澤蘭開花的時候，這些蝴蝶就出現呢？其實，在每年五月初，青斑蝶還不多的時候，也就是澤蘭含苞的時候，這些蝴蝶會找比澤蘭早開花的南國薊及白鳳菜之類吸食；但澤蘭一開始開花，青斑蝶類便群集到花上吸食；根據我已畢業的博士班研究生魏映雪小姐連續作三年的記錄，發現青斑蝶類的發生量和澤蘭花開、盛開、花謝幾乎成同一趨勢，換句話說兩者間幾乎有共同演化的現象；也就是說青斑蝶類對澤蘭而言是最重要的花媒，而澤蘭也提供青斑蝶類足夠的食物。

魏小姐的研究還發現青斑蝶類的活動從早上六點開始到十點左右達到活動高峰，十點以後在花上的個體數慢慢減少，到了晚上六點左右便逐漸歇息。至於這些蝴蝶究竟能活多久？能飛多遠？由標識記錄得知，經標識的個體可活三十多天；而分散的距離可達十五公里左右。據此，我們判斷這些青斑蝶在澤蘭花謝之後會分散到附近山區，甚至台北附近的平地。不過一直到二〇〇〇年，當我另一位研究生李

信德先生進行標放時，卻發現青斑蝶竟然遠飛至日本的鹿兒島被捕獲，這是台灣第一隻標放的蝴蝶飛渡重洋的記錄，引起台日蝶界的震撼。之後，陸陸續續還有台日間標放的個體分別抵達台日各地，證實台日雙方的青斑蝶有遷飛及遺傳交流的現象。

而在此期間出現在「青斑蝶道」的蝴蝶，還有圓翅紫斑點、端紫斑蝶、斯氏紫斑蝶、黑脈樺斑蝶、黑端豹斑蝶及多種鳳蝶、挵蝶及小灰蝶。

不過，如要欣賞更多其他種類的蝴蝶，夏天正是最好的季節，只要漫步二子坪步道，穿過二子坪，走進柑桔園區，您會發現彩蝶穿梭冇骨消等野花之間，令人流連！而這一帶的觀賞性昆蟲，像許多蟬、鍬形蟲、紡織娘……，都在這段期間出現，一趟「蝴蝶花廊」之旅，也會是一趟豐富的「森林浴」之旅，何不邀約三五好友一塊兒前來，留下溫馨的回憶？

「空園暮烟起，消遙獨未歸；翠鬣藏高柳，紅蓮拂水衣；復此從鳳蝶，雙雙花上飛，寄語相知者，同心終莫違。」最後且以梁簡文帝的「詠蛺蝶」來做為本文結語，希望這些獻曝之文尚能引起共鳴，也盼望大家對生活在我們周遭的這些小舞姬能多付出些許關愛！

蝶影翩翩陽明山附表

表1 陽明山國家公園常見蝶類月份發現數量示意表

	一月	二月	三月	四月	五月	六月	七月	八月	九月	十月	十一月	十二月
大紅紋鳳蝶	·	·	··	···	···	···	····	···	····	·		·
紅紋鳳蝶			·	·	·	···	···	···				
台灣麝香鳳蝶		·	·	·	·	···	···	··				
青帶鳳蝶		·	·	·	··	···	···	·	·	·		
青斑鳳蝶				·	·	···	···	·				
斑鳳蝶			··	··								
黑鳳蝶	·		·	·	···	····	····	···	···	·	·	·
台灣鳳蝶			·	·	··	···	··	·	·			
大鳳蝶			·	·	·	···	···	····	····	·		
玉帶鳳蝶					·	···	···	····	···	·		
白紋鳳蝶					·	···	··	···				

	一月	二月	三月	四月	五月	六月	七月	八月	九月	十月	十一月	十二月
無尾白紋鳳蝶			.	.		...	...	...	.			
無尾鳳蝶			.	.		...	..	..	.			
柑橘鳳蝶				..	.	...	...	...	...	.		
烏鴉鳳蝶	.		.	...	.	...	.	.	...	..		
大瑠璃紋鳳蝶					.	.	.	..		.		
台灣紋白蝶	...	...	...	...	...	...	...	...	...	....	...	...
輕海紋白蝶						..	.	...	...	.		
台灣粉蝶				.		.	.	..	.	.		.
端紅蝶			.	.	.	.	...	...	...	..		
青斑蝶		.	.	..	.	.	.	.	.	..		
小青斑蝶				.	.	...	.....	.	.	.		
琉球青斑蝶		.	.	.	.	.	.	.	.			
端紫斑蝶				.	.	.	....	.	..	...	.	
圓翅紫斑蝶				..	..	.	....	..	.	.		

	一月	二月	三月	四月	五月	六月	七月	八月	九月	十月	十一月	十二月
黑脈樺斑蝶			·	·	··	···	··	·	·	·		
台灣波紋蛇目蝶		·	·	···	···	·	··	····	··	···	·	
白條斑蔭蝶					··	··	···		·	·		
黑端豹斑蝶		·	·		··	·····	···					
枯葉蝶				·	·	···	····	·	·			
黑擬蛺蝶	·			·		·	·	·		·		
瑠璃蛺蝶			·	·		···	···	·	·	·	·	·
紅蛺蝶	··	·		·	·	·	·			···	··	···
石墻蝶				·		···	··	···	·	·	·	
單帶蛺蝶			·	·		··	···	···	··	·		
琉球三線蝶			·	·			·	·				
紅邊黃小灰蝶	·	·	··	·	···	···	···	·	·	·	·	·
大綠挵蝶				·	·	··		·	·	··		

資料來源：（楊平世、1987・「陽明山國家公園大屯山蛺蝶花廊規畫可行性之研究」）

表2　陽明山國家公園蝶類主要蜜源植物

科名	種類
忍冬科（Caprifoliaceae） 菊科（Compositae）	冇骨消（*Sambucus chinensis*） 台灣澤蘭（*Eupatorium formosanum*） 日花（*Bidens pilosa*） 霍香薊（*Ageratum conyzoides*） 南國小薊（*Cirsium japonicum* var. *australe*） 蟛蜞菊（*Wedelia chinensis*） 百日草（*Zinnia elegans*） 雛菊（*Bellis perennis*） 大波斯菊（*Cosmos bipinnatus*）
莧科（Amaranthaceae） 玄參科（Scrophulariaceae） 馬鞭草科（Verbenaceae）	千日紅（*Gomphrena globosa*） 倒地蜈蚣（*Torenia concolor formosana*） 馬纓丹（*Lantana camara*） 金露花（*Duranta repens*）
杜鵑花科（Ericaceae） 冬青科（Aquifoliaceae） 茜草科（Rubiaceae） 錦葵科（Malvaceae） 蘿藦科（Asclepiadaceae）	杜鵑花類（*Rhodoendron* spp.） 冬青類（*Ilcx* spp.） 風不動藤（拎壁龍）（*Psychotria serpens*） 重瓣朱槿（*Hibiscus rosa-sinensis*） 裂瓣朱槿（*H. schizopetalus*） 馬利筋（*Aselepias curassavica*）

表3　陽明山國家公園蝶類幼蟲之主要寄主植物

寄主植物名稱	蝶類幼蟲
台灣馬兜鈴（*Aristolochia shimadai*）	大紅紋鳳蝶，紅紋鳳蝶，台灣麝香鳳蝶，
柑桔類（*Citrus* spp.）	麝香鳳蝶）
飛龍掌血（*Toddalia asiatica*）	黑鳳蝶，玉帶鳳蝶，柑桔鳳蝶，無尾鳳
玉蘭（*Michelia alba*）	蝶，大鳳蝶，烏鴉鳳蝶
雙面刺（*Fagara nitida*）	無尾白紋鳳蝶，黑鳳蝶，玉帶鳳蝶，白紋
賊仔樹（*Tetradium alabrifdium*）	鳳蝶，台灣鳳蝶
食茱萸（*Zanthoxyyum ailanthoides*）	青斑鳳蝶
樟樹（*Cinnamonum camphora*）	黑鳳蝶
山刈葉（*Evodia merrillii*）	烏鴉鳳蝶
紅楠（*Persea thunbergii*）	黑鳳蝶，烏鴉鳳蝶，柑桔鳳蝶
魚木（*Crateva adansonii subsp. formosensis*）	青帶鳳蝶，寬青帶鳳蝶，黃星鳳蝶 大琉瑠紋鳳蝶
合歡（*Albizzia julibrissin*）	斑鳳蝶
鐘萼木（*Bretschnedera sinensis*）	端紅蝶，台灣粉蝶
十字花科植物（*Cruciferae*）	黃蝶類
鐵刀木（*Cassia siamea*）	輕海紋白蝶
鷗蔓（*Tylophora ovata*）	蚊白蝶，台灣紋白蝶
榕樹（*Ficus* spp.）	淡黃蝶類
馬利筋（*Asclepias surassavica*）	琉球青斑蝶
牛嬭菜（*Marsdenia tomentoas*）	圓翅紫斑蝶，石牆蝶，琉球紫蛺蝶，端紫
堇茱類（*Viola* spp.）	斑蝶
台灣馬藍（*Strobilanthes fornocanus*）	樺斑蝶
苧麻（*Boehmeria nivea*）	黑脈樺斑蝶
蕁麻（*Urtica thunbergiana*）	端黑豹斑蝶
爵床科（*Acanthaceae*）	枯葉蝶
菝契（*Smilax china*）	細蝶，紅蛺蝶
葎草（*Humulus japonicus*）	細蝶，紅蛺蝶
水麻（*Debregesia orientalis*）	黑擬蛺蝶
馬齒莧（*Portulaca loeracea*）	琉璃蛺蝶
石楠（*Phoebe formosana*）	黃蛺蝶
饅實果（*Glochidion fortunei*）	黃三線蝶
禾本科（*Gramineae*）	雌紅紫蛺裸
竹科（*Bambusaceae*）	埔里三線蝶
可可椰子（*Cocos nucifera*）	白三線蝶，台灣琉璃小灰蝶
羊蹄（*Rumex japonicus*）	波紋蛇目蝶類，小蛇目蝶類，單帶拼蝶
酢漿草（*Oxalis corniculata*）	蔭蝶類，台條斑蔭蝶類
山豬肉（*Meliosma pinnata arnottiana*）	紫蛇目蝶 紅邊黃小灰蝶
台灣芒（*Misconthus sinensis*）	沖繩小灰蝶
月桃（*Alpinia zerumbet*）	大綠拼蝶
觀音棕竹（*Rhaphis flabelliformis*）	狹翅拼蝶，狹翅黃星拼蝶 黑拼蝶 紫蛇目蝶，黑星拼蝶

多種昆蟲展現風華 ——
大屯自然公園

對蟄居都市的人而言，如能徜徉空曠翠綠的山谷，聆賞蟲鳴鳥叫，欣賞大自然的美景，的確是賞心悅目的事！在陽明山國家公園內的大屯山下，坐落巴拉卡公路旁，就快要到于右任墓園旁的數百公尺的地方，就有一片經過專家規畫設計的綠地──大屯自然公園。

　　在這兒，除了遊客中心之外，幾乎看不到任何水泥建築；蜿蜒數百公尺的木造棧道，不但橫跨水生植物蔓生的池沼，也穿越地勢微聳的山丘。在自然公園內，刻意移植的原生杜鵑，逐日茁壯，每逢春天，粉紅駭綠，爭相競豔；在棧道、步道的兩側，各式各樣的野花、例如夏枯草、南國薊、倒地蜈蚣、月桃、冇骨消、隨著時序的更迭，

1. 大屯自然公園的親水步道。　2. 靜水域間生物資源豐富。

高架的親水步道適合於民眾在水域環境間的觀察。

吸食花蜜的大鳳蝶雌蝶。

各展風采！在花叢中，鳳蝶、斑蝶，甚至小巧的小灰蝶，而酷似蜜蜂的食蚜蟲，也紛紛展現風華。除此，形形色色的甲蟲、螽斯、螳螂、蝗蟲，也依時序進場。另外，許多蛙類、蜥蜴，不時穿梭其中，形成亟為優雅的自然風貌，這也是自然公園迴異於都市公園的地方。

由於幾乎四面環山，使得大屯自然公園顯得蓊鬱祥和；在夏天，嘰吱的蟲鳴，伴和此起彼落的鳥叫聲，使整個靜謐的山谷，熱鬧異常！尤其雲霧山嵐一起，午晴還陰，令人暑氣全消。

在池沼中，水生植物叢生，水面上成群的水黽徜徉；根據調查，池中有黃鱔、大鱗副泥鰍等

1. 淡紫粉蝶。
2. 斯文豪氏攀蜥。
3. 林下的長腳赤蛙。
4. 吸食花蜜的波紋小灰蝶。

大屯自然公園的水生昆蟲資源多樣性高。
1. 龍蝨。　2. 水螳螂捕食水蚤。　3. 猩紅蜻蜓。　4. 日本紅娘華。

多種原生的魚類，還有台北樹蛙等八種兩棲類動物。可是在大屯自然公園開放不久，卻因為部分遊客不經意的放生活動，使池沼內發現成群的錦鯉和好幾種小型觀賞魚類。而令人遺憾的是，屬於外來種的牛蛙和巴西龜，也因為遊客的放生，已在池沼中立足！這種違法，也違反自然規律的放生活動，不但為陽明山國家公園管理處帶來莫大經營管理上的困擾，也引起池沼生態平衡的隱憂；相信有智慧愛心的遊客今後應不會在這進行違反自然原則的放生活動。

　　據台灣大學昆蟲保育研究室的調查，除了魚類及八種兩棲類動物之外，生活在池沼內的水棲昆蟲有六目二十科三十六種之多；其中有大家所熟知的龍蝨、牙蟲，還有習性有趣的負子蟲、紅娘華、豆娘及

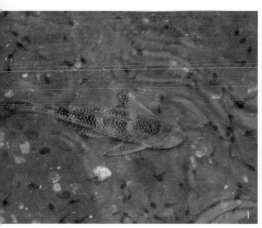

1　　　2

水域間的外來種入侵嚴重，主要是由於不當放生所導致。
1. 琵琶鼠。　2. 巴西龜。

蜻蜓。因此，大屯自然公園不但是遊客觀賞自然美景的好去處，如果善加規畫，也可成為學校校外教學的生態教室。

當春天來臨時，自然公園內的杜鵑花處處盛開，徜徉園內，常令人有「春天滿園關不住」的感受；到了夏天，走訪園內，不難欣賞到「穿花蛺蝶深深見，點水蜻蜓款款飛」的景致。入秋的大屯自然公園，更是蟲鳴嘰吱，婉囀鳥鳴不絕；靜坐園內石上聆賞，更能體會出「多情絡緯迎秋啼」的心境。冬天的大屯自然公園，儘管北風蕭瑟，但青草池塘依舊，斜倚棧道，山巒間芒花點點，園內曲道通幽，依然令人心曠神怡！

1. 紫紅蜻蜓。　2. 猩紅蜻蜓的水蠆。

小毛氈台。

神祕湖掠影 ——
獨特的水生資源

幾十年前，台灣鄉野間天然的水窪、埤潭、沼澤或是溪流邊的草澤仍到處可見，這些地方因有水的滋潤，蘊育了豐富的動、植物，吸引遠來的雁鴨等水鳥在此落腳；然而隨著人們寸土寸金的拓墾，許多濕地已被填平，近年來，由於溪流截彎取直工程，又使新的溼地難以形成，加上工業、畜牧、家庭廢水的污染，台灣的溼地景觀早已面目全非；在這種狀況下，又有福壽螺、吳郭魚、大肚魚、鯉魚、巴西龜等外來種搶奪地盤，本土生物賴以存活、傳宗接代的生育地，就少之又少了。「龍潭」、「草湖」、「水林」等台灣數以百計的濕地地名，僅能空留憑弔。當平原、丘陵地帶的濕地快速消失之際，少部分位於山地的沼澤、湖泊，由於較少受到人為的干擾和污染，有幸保存

神祕湖附近的森林保存完整。
1. 森林告示牌。　　2. 往南澳闊葉林自然保護區入口。

祕湖旁的森林鬱密，常常雲霧圍繞。

了下來；位於宜蘭縣南澳鄉海拔一千公尺山區的神祕湖就是其中之一，湖和四周集水區的闊葉林在林務局的規畫下已被列為「自然保留區」，完整的保留她的湖光山色和獨特的淡水濕地環境。

山路蜿蜒崎嶇難行

從宜蘭蘇澳沿著蘇花公路南下，蜿蜒來到南澳的街頭，我們在這裡進行到最後的補給後，趨車轉往泰雅族金洋村的方向，經過山地檢查哨後不久，道路的坍方，迫使往來車輛改道溪邊的河床地前行，路況可想而知。然而在匆匆一瞥這個小得可以一眼望盡的山地部落後，更崎嶇的山路才在我們的眼前。一路上，吉普車用力而孤獨的爬著顛陂的路面，南澳南溪的踪影已漸漸消失於車窗之外，沿途偶遇背著竹簍、騎著越野摩托車的原住民；有幸在路邊的枯木上見鷹鷙頂立，或在林道上驚鴻一瞥竹雞的身影都令人雀躍不已；直至山嵐來襲，朦朧的樹影淹沒了林道，神祕湖已在不遠處。

九芎楠木訴盡滄桑

約在海拔一千公尺林道邊的一座山屋旁，新鋪成的石階步道引領我們走向神祕湖，一時熱切的心情乍現，加速的步伐直到踩踏了泥土

和落葉，忽然感覺石階的死硬，而跨過橫走小徑的老樹磐根，我們終於停下了來，先享受森林的芬芳。小徑沿著小小的U形山谷緩緩往下走，從山谷裡撐起來和山腰拱過來的樹冠是這裡的天，陰濕的蕨類植物和灌叢是這裡的地，難得一見的竹雞喜歡在灌叢間跳躍，婉轉的清唱迴蕩在這天地間。我們得放慢腳步了，好讓蹲在小徑上的拉都希氏蛙來得及跳開；而當平坦潮濕的土壤開始處，也就是神祕湖的湖盆地形了。在這湖盆的入口，八十公分直徑的老九芎訴說湖泊歷經數十年滄桑，腰圍三、四公尺的大楠木則標示湖泊的誕生大概在百年之前。

湖面旖旎生意盎然

從U形山谷緩緩而下的溪水，在一個轉彎後進到了湖盆，由於湖盆早已淤積，小溪乃沿著山壁漫流，並形成處處易陷的泥沼，還好有巡山員架設的棧道才不必繞遠路。前方不遠另有一淺清流從山溝而下，我們在此稍事休息，掬把清澈的溪水洗去臉上的汗漬，隨手翻翻水中的石頭，無意驚起了棲息石上的蜉蝣和石蠶蛾幼蟲四處逃竄；小溪中橫倒著傾圮的枯木，滿佈枯褐的落葉堆，土坡邊及水中微腐的木塊和石頭上長滿了翠綠的水草叢，這些都是水蟲們理想的家；溪水穿過步道後，就被平坦的湖盆吞沒入土，竟然不知去向。大夥繼續往前走，

「嘟──」的一聲急轉調震住我們的步伐，那是大家熟悉的紅冠水雞叫聲，而此起彼落的蛙鳴也隨著我們的前進越來越濃，越來越密，最後充塞整個山谷。此時，步道邊的林木已經疏開、五節芒草原成為前方湖盆最優勢的地景，不消多久，出現我們眼前的是條覆滿青萍的水道，緩慢的水流看來近乎停滯，直到水道的盡頭，神祕湖已隱約可見。

水雞雁鴨怡然自得

一小段爬坡後，我們站上一處山壁內凹所形成的平台，終於可以

自然的森林演替過程，風倒木是昆蟲極佳的食物來源。
1. 小型的闊葉樹。　2. 針葉樹風倒木。

紅冠水雞在水域間悠然自得。

一覽湖泊的全貌；地面上殘留著零星的木岸和空酒瓶，還有被烤食過的河蚌和田螺殼，這個可以遮風避雨的內凹山壁，儼然是大自然孩子們的家。神祕湖在群山的環抱下顯得靜謐、安詳，成群悠游湖邊的小水鴨和紅冠水雞首先吸引了我們，用望眼鏡仔細觀察，幾隻小水鴨向水中幾番啄食後似乎有所斬獲，湖岸的草叢在群鴨的踐踏下已有大片形成平坦的草灘；在山影浮映的水面上，散覆著片片的滿江紅，幾叢東亞黑三稜和水毛花叢挺生湖中和湖岸，較低矮的柳葉箬和水芹菜等濕生植物則在湖畔成聚落分布，構成寬廣的沼澤，緊接其後的就是五節芒高草原了；就這樣各種植群一階階的連到更外層的森林，繪出神祕湖區植物社會的演替序列寫意圖。

溪蟹水蟲各有天堂

　　神祕湖的水由浮映的樹影間流出，穿過沉水的微齒眼子菜群後，已是礫石平鋪的溪流，溪流的下方出現堆積的巨石，兩岸山谷也頓而開闊，成群的豆娘紛飛溪畔，有的結伴相互繾綣呈心型交尾著，小水潭中輕盈的水黽在水面上迅速的滑行，覆著黑亮外殼小甲蟲——豉甿，也忽左忽右的成群在水面上打轉，有時一群小黑點又倏的潛入水中，屁股尖還帶了個小氣泡當氧氣筒！喜歡躲在水裡石縫間的溪蟹，有時

也會爬上「陸地」而被我們發現，奇怪的是這裡多的是溪蟹、水棲昆蟲，卻見不到一般溪流常有的魚蝦；溪谷前方因一巨石矗立，正好堵住神祕湖出水口並形成斷崖似的落差，神祕湖的水就在此直洩而下澳花溪。我們爬上巨石上，遙遠的太平洋依稀可見，那裡將是我們腳下急流的歸宿。

芒花水草麗景天成

在林務局和羅東管理處的委託調查下，我們從出水口處划橡皮艇進入湖中作更進一步的觀察。溪水很淺，得涉過一段水路才能上艇，溪床兩邊的水草茂密，同行有人說看見小大肚魚在水草邊迅速游離，撈起來一看，原來是豆娘的稚蟲——水蠆；水深逐漸淹過膝蓋，我們上艇準備進湖，划艇的過程可不如想像般的愜意，由於整個湖域水深多不到一公尺，而且水底的爛泥上還滿佈了眼子菜和金魚藻等水草，經常纏拌在槳上，使起力來頗為費勁。還在老遠的紅冠水雞，在我們入湖不久就紛紛拍翅躲進草叢裡，拍擊聲畫破了湖面的寂靜；上百隻的小水鴨也飛了起來，在湖面上空盤旋一圈後，消失在群山間。一路划來，田螺、蝌蚪、水蛭好像跟著我們前進，處處可見；河蚌有時也在綿密的金魚藻中被我們發現。在湖邊的水鳥群棲息的植叢邊，我們

下網撈撈湖中動物，但鳥糞和腐植質混成的爛泥，重得讓網竿差點彎了腰，還散發濃烈的令人作噁的惡臭；這個地方有機物太豐富又缺氧，造成優養化而產生沼氣，難怪仔細檢查爛泥後，還是沒發現動物活體，有的只是螺殼碎片，不知是不是水鳥吃剩的垃圾？轉移陣地到各處試試手氣，乍看之下網裡依舊都是爛泥一把，但靠近湖邊較清澈水域的動物相可就豐富多了，田螺、蝌蚪、蜻蜓水薑、小甲蟲、會造葉型巢的葦枝石蠶幼蟲，孑孓、豌豆蜆、扁蜷螺、蠤蚓等都是活生生的。尤其那石蠶蛾躲在牠用樹葉剪裁縫製的衣裳裡，要不是牠動了動，還真不容易認出呢！而根據後來的調查我們還知道，夏季時成群

1.鼓甲蟲。　2.取食碎屑的石蠶蛾幼蟲隱身其間。

昧影細螅棲停於葉片上。

的泥鰍會在金魚藻上活動、追逐，使平靜的水面出現一圈圈漣漪，這是我們在這兒唯一找到的「魚族」動物。此外，夜裡的湖面上，許多白腹遊蛇會探出頭來，乍看就像腹斑蛙露頭出水面一般，牠們也是目前神祕湖水域中唯一發現的蛇類。

湖泊半老風韻猶存

繞回出水口時天色已漸暗，山風吹來陣陣涼意，湖面因水氣遇冷凝結，很快的就籠罩在一片霧氣中。神祕湖的美自不待言，然而更寶貴的是，根據多年來的調查資料，並未在此發現外來種生物，許多本土、稀有的動、植物和牠們賴以生長的棲地都被完整的保留下來；由植群的演替情況可知湖泊已老，但四十年前的航空照片顯示，幾十年來神祕湖無論在形狀和大小上變化不大，那麼眼前的神祕湖何時會消失呢？天就要暗了，莫氏樹蛙從草叢中奏著低沉詭異的神祕湖夜曲，遠方「早起」的小貓頭鷹──鵂鶹也以清脆的中高音加入合奏，還有那些不聲不響的……，相信這裡的夜還熱鬧著呢！

保留區內之特殊植物資源

目前保留區內所發現之稀有植物大多為濕生或水生，包括東亞黑

三稜、卵葉小丁香、小葉四葉葎及水社柳四種；其他如八角蓮、土肉桂、溪頭羊耳蘭等植物則具特殊用途，因而有被採集的壓力。另外，微齒眼子菜及小狸藻則是台灣第一次發現之新記錄種。

保留區內陸生動物資源

本區闊葉樹林內目前已記錄之動物、哺乳類有大赤鼯鼠、赤腹松鼠、白鼻心、山羌、台灣獼猴、山豬等十二種；鳥類共發現四十三種，其中包括大冠鷲、鳳頭蒼鷹、竹雞、白喉笑鶇四種珍貴稀有保育類野生動物及一種瀕臨絕種保育類動物——藍腹鷴；兩棲類已知有盤古蟾蜍、尖鼻赤蛙、面天樹蛙、腹斑蛙、拉都希氏蛙、艾氏樹蛙六種，其中以腹斑蛙之數量最多；昆蟲資源方面，蝶類共發現八十二種，其中之黃鳳蝶、白圈三線蝶、素木三線蝶、姬三宅小灰蝶及紫小灰蝶等是較少見的種類；蛾類已知有十二科七屬七種，包括大型的天蠶蛾類如長尾水青蛾、大透目天蠶蛾等；鞘翅目方面，已發現有四種虎甲蟲、三種埋葬蟲、八種步行蟲、二十三種金花蟲、十三種天牛、二十種象鼻蟲、十九種金龜子、十種叩頭蟲及二十四種鍬形蟲及獨角仙、黑豔蟲、瓢蟲、菊虎、紅螢等共計一九一種，其中虹彩叩頭蟲、台灣長臂金龜、長角大鍬形蟲及台灣大鍬形蟲四種為珍貴稀有保育類

棲停於葉片上的黃豹天蠶蛾。

1. 盤古蟾蜍。
2. 斯文豪氏赤蛙。
3. 紅冠水雞。

野生物：值得一提的是，本區鍬形蟲之種類佔本島產鍬形蟲的一半，尚包括栗色深山鍬形蟲、三輪大鍬形蟲、圓翅鋸鍬形蟲等十一種台灣特有種；膜翅目已知有蟻科七種，胡蜂三種及一種姬蜂；雙翅目則發現食蟲虻、食蚜蠅、長吻虻及蚊科等十四種；同翅目方面有蟬、葉蟬、瓢蠟蟬、沫蟬等十三種，其他如直翅目的蝗蟲、螽斯、蟋蟀、半翅目的椿象、長翅目的蠍蛉、脈翅目的長角蛉、彈尾目的長角跳蟲、纓尾目的石蛃、革翅目的蠷螋、還有螳螂、竹節蟲、蜚蠊等昆蟲亦分佈於本區。

神祕湖域水生動物資源

目前神祕湖及進、出水溪流等水域部分已發現的動物，鳥類方面有紅冠水雞、小水鴨、尖尾鴨、鴛鴦、小鸊鷉、夜鷺及鉛色水鶇七種；蛇類及魚類僅有白腹遊蛇及泥鰍各

一種；兩棲類有盤古蟾蜍及腹斑蛙等五種蛙類；軟體動物方面有圓田螺、圓口扁蜷、平扁蜷、淡水笠螺、圓蚌、豌豆蜆、泥蜆等七種；環節動物有水蛭及蟥蚓等。種類最多的則為水棲昆蟲，到目前共記錄了九目五十三科九十七種，包括蜉蝣目的扁蜉蝣、小裳蜉蝣等十二種，襀翅目的短尾石蠅等三種，蜻蛉目十八種，半翅目的仰泳蝽、圓頭蝽及小水蟲等十二種；廣翅目的石蛉種，鱗翅目的螟蛾科二種；毛翅目的流石蠶、笠石蠶、沼石蠶、絲口石蠶、多距石蠶等九科九種，鞘翅目的龍蝨、豉虫、扁泥蟲、長角泥蟲等二十種；雙翅目的蚊、蚋、搖蚊、大蚊、水虻等十四種。這些水生動物中，鴛鴦、莫氏樹蛙及無霸鈎蜓三種是珍貴稀有保育類動物；另外，分類地位尚未確立的淡水笠螺、豌豆蜆及部分水棲昆蟲等無脊椎動物、在台灣其他湖泊調查中都尚未被發表。神祕湖，一如其名，迄今仍充滿神祕色彩；有時候我常想：如果把詩人吸引到這個地方來，或許能寫下無數的詩篇；如果把散文家「關」在這兒住個幾天，說不定會寫下類似《湖濱散記》的大作。

溪流環境監測小衛兵 ——
溪頭園區之水棲昆蟲

虎山溪的整治仿自然工程。

受創的溪流

　　台灣的溪流地形多數為東西向，因水流短、坡度大、流速高，易造成溪流上游侵蝕、下游淤積的現象；溪流上游原本林木覆蓋的集水區，因人口增多，土地利用需要增加，過度的開發及破壞，造成生態浩劫，蘊含水源的功能逐漸喪失；因此上游集水區承受不起地震、颱風帶來的暴雨量，氾濫的洪水常引起大規模土石流，在脆弱的大地上刻畫出一條條的傷痕。

　　台灣大學實驗林區位於南投縣，其中又分為溪頭、清水溝、水里、內茅埔、和社及對高岳等六個營林區，面積約三萬三千公頃，而溪頭營林區下轄之溪頭自然教育園區更為台灣重要的遊憩景點之一。

1. 小溪間的溪石林立是良好的水生昆蟲棲息場所。　　2. 災害後的小溪不斷的堆積大石。

溪頭為濁水溪上游的集水區；近年發生多次重大天然災害，一九九九年「九二一」大地震造成土石鬆動崩塌；二〇〇一年七月的桃芝颱風挾帶暴雨引發的土石流，致使溪頭自然教育園區內河道刷深，河床被土砂、巨石覆蓋，河流生態遭受嚴重破壞。目前國內溪流整治趨勢多捨棄傳統工法而採用生態工程；台大溪頭自然教育園區為取得防洪工程與生態保育的平衡，並達到河川治理的目的，亦以生態工程整治園內遭受土石流沖刷破壞之溪流。

而生態工程是否能協助溪流達到生態復育的目的呢？或許水中的原住民——水棲昆蟲可透露些訊息。

1. 雙連碑是北部重要的靜水域動植物棲地。　　2. 曾文溪是台灣南部重要的河流。

蜉蝣有一個亞成蟲階段。

何謂水棲昆蟲

　　水棲昆蟲之廣義定義為該物種生活史中至少有一部分在水或相關的環境中完成；其生長模式分完全變態、不完全變態及半行變態等型式；棲息環境包括水域及陸域，有終生棲息於水域之物種，亦有幼蟲期棲息水域而成蟲轉至陸域棲息。水棲昆蟲是溪流中主要無脊椎動物成員，其分布主要受到物理因子（如水溫、流速、底質等）、化學因子（如水中pH值、營養鹽濃度等）、食物及污染之忍受力等各種環境生物因子的影響；針對不同種的水棲昆蟲在不同的水質環境有不同存活率之特性，發展出以水棲昆蟲評估水質狀況之生物指標。因此在溪流環境改變或溪水遭受污染、水質劣化時，生活於其中的水棲昆蟲相亦會隨之改變。

1. 豆娘水蠆。　2. 小仰泳蝽。　　3. 龍蝨幼蟲肉食性，有一對強而有力的大顎。　　4. 牙蟲體末的氣泡是呼吸的現象。

水棲昆蟲的棲地類別與水汙染等級

　　不同的淡水環境棲息著不同的水棲昆蟲，急瀨、緩流等流水水域中有蜉蝣、石蠅、石蠶蛾、扁泥蟲、流水域蜻蜓；為解決水中呼吸問題，水蟲發展類似魚鰓的器官在水中進行氧氣交換——氣管鰓。

　　湖泊、沼澤、水田等靜水水域有紅娘華、水螳螂、水黽、靜水域蜻蜓及龍蝨及牙蟲；靜水流域物種則多直接與空氣接觸，呼吸空氣中的氧氣，如紅娘華尾部長出的呼吸管；或直接攜帶——空氣泡至水中，像龍蝨成蟲。

　　因此透過認識溪流中的水棲昆蟲種類，可了解經過生態工程整治的溪流其棲地異質性、水域生物多樣性、水質狀況及環境復原的程度。以下將介紹不同水質環境之主要代表物種，使民眾可以簡單方式

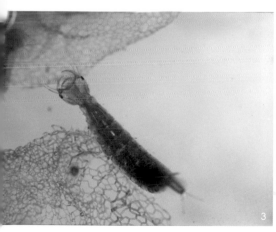

3　4

偵測溪流水質狀況。首先要請大家記住，水棲昆蟲被用作生物指標是因為不同種的水棲昆蟲能適存於不同的水質環境特性之故；從水棲昆蟲種類和數量的分布，可反映當時環境時空的變動並且量化水質。

　　另外，國內環保署也以四項物化水質參數組成環境因子發展河川污染程度指標（river pollution index, RPI）判斷河川污染程度，污染強度依序遞增為未受污染或稍受污染、輕度污染、中度污染或嚴重污染四級，與生物指標的貧腐水性水域、 β -中腐水性水域、 α -中腐水性水域及強腐水性水域四等級相配合。

貧腐水性水域（Oligosaprobic Zone）──未受污染水域

　　河川污染程度指標對應之水質等級為未受或稍受污染之河域，在

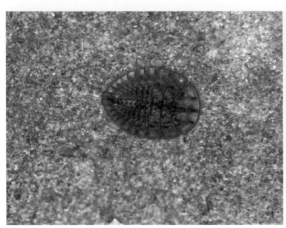

1. 水錢是一種扁泥蟲科的幼蟲。　2. 扁泥蟲。　3. 小蜉蝣。　4. 扁蜉蝣。

台灣此種水質的河域大多位於河流之上游；主要代表性水棲昆蟲：襀翅目（石蠅）、蜉蝣目扁蜉蝣科（Heptageniidae）、毛翅目流石蠶類（*Rhyacophila* spp.）、喜馬拉雅流石蠶類（*Himalopsyche* spp.）、長鬚石蠶類（*Stenopsyche* spp.）、雙翅目網蚊科（Blephariceridae）及廣翅目石蛉科（Corydalidae）等。

β-中腐水性水域（β-mesosaprobic Zone）——輕度污染水域

指輕度污染的河域，該水質的河域多位於河流中、上游；主要代表性水棲昆蟲：毛翅目網石蠶科（Hydropsychidae）、鞘翅目扁泥蟲科（Psephenidae）、蜉蝣目四節蜉科（Baetidae）及蜻蛉目（Odonata）水

蟲等。

α-中腐水性水域（α-mesosprobic Zone）——中度污染水域

指中度污染之河域，該水質以中游為多，但上游如居民多處，污水未經處理即排入河川處，也可見及此種水質。此水質之主要代表性水棲昆蟲：蜉蝣目姬蜉蝣科（Caenidae）。

強腐水性水域（Polysaprobic Zone）——嚴重污染水域

指嚴重污染之水域；此種水質以人口多之中游及下游最為常見。此種河域水已變成黑褐色，往往會發出臭味。此水質之主要代表性水棲昆蟲：雙翅目搖蚊科紅搖紋（*Chironomus* spp.），幼蟲俗稱紅蟲。

溪頭自然教育園區溪流常見之水棲昆蟲

園區內施作生態工程，提供了接近自然的棲地環境，使得園區內的水棲昆蟲相可以快速地恢復至接近自然棲地的狀態，種類多樣且數量豐富；更由水棲昆蟲組成得知該地區溪流水質現況。目前，溪頭自然教育園區內水質狀況良好，主要為貧腐水質；反觀園區外溪流並未

作生態工程，無法立即營造多樣化棲地供水棲昆蟲棲息，加上餐廳與家庭廢水的汙染，造成此處溪流多為 β-中腐及 α-中腐等較差水質為主。以下僅就該區常見水棲昆蟲加以介紹，讀者們可利用假日進行溪流戶外體驗活動時，對這些小生物們好好認識一番。

蜉蝣目 Ephemeroptera（mayfly）

扁蜉蝣科 Heptageniidae

本科稚蟲之特徵為身體扁平，頭呈橢圓形，複眼位於頭部背面，大而明顯；腹部第一至七節各具一對鰓，鰓為葉狀及絲狀之複合體；尾毛一對，有些尚具中央尾絲。屬流水型物種，主要生活在急流之中，因軀體扁平，足上之爪發達，多匍匐平貼於石頭上，且能附在岩石上迅速活動，不容易讓激流沖走，以刮食藻類為生，為蜉蝣目中較不耐污濁的種類，屬於貧腐水性代表物種，常見於河川上游急流中，亦常見於溪頭園區內各溪流中，數量頗多。

襀翅目 Plecoptera（stonefly）

本目成蟲陸生，卵、稚蟲水生，外型酷似蜉蝣，兩者間之差異乃本目稚蟲氣管鰓著生於胸節腹側靠近足基處，或位於頭部與前胸之頸

區，皆稱為胸鰓，亦有部分種類無鰓。襀翅目稚蟲體型多修長呈圓柱型，頭部發育及骨化良好，多為扁平，單眼大多為三個，少數種類具二單眼；前胸、中胸、後胸三節分節明顯；足為雙爪；平行或分離走向之翅芽；尾毛二根。成蟲羽化後常棲息於溪流之石面上，外形狀似蒼蠅，又俗稱為「石蠅」。稚蟲有生活於溪流中者，亦有棲息於湖、沼之種類；主要棲息於未受或稍受污染之貧腐水域。多數種類之稚蟲為肉食性，主要以水中其他水棲昆蟲為食；有些種類則為植食性。

毛翅目Trichoptera（caddisfly）

網石蛾科（Hydropsychidae）

　　輕度污染之 β -中腐水性水域常見物種，也可分佈於貧腐水性水域。前、中及後胸明顯骨化的幾丁質板，腹節腹面具有分枝氣管鰓，尾肢末端皆具有長毛叢。會在石上或石間結網，用以濾取水流中的植物碎屑或細顆粒有機物。

長鬚石蛾科（Stenopsychidae）

　　為毛翅目中體型較大者，頭明顯修長，頭部及前胸為褐色且具許多黑色斑點，前足亞基節前緣之兩根刺狀突起為其主要分類特徵；第

九腹節具有氣管鰓，尾鈎圓滑無明顯齒狀物。棲息於中、上游未受或稍受污染之貧腐水域溪流，築巢於河床石塊間或石塊下，但可築巢活動，釣魚者常用來做為釣魚之餌料。

蜻蛉目Odonata（dragonfly and damselfly）

可分成均翅亞目「豆娘」及不均翅亞目「蜻蜓」兩大類，稚蟲均稱水薑，前者較為細瘦，腹部末端有三片尾鰓，而後者粗壯，不具尾鰓，但體內有直腸鰓供作氣體交換之用；稚蟲複眼發達、多數種類觸角短；水薑通常棲息在河流緩流、水潭之水草或枯木、落葉下；以下唇所特化之面具狀結構為捕食器，常捕食魚苗、蝌蚪或其他水棲昆

1. 網石蠶蛾幼蟲。　2. 短腹幽蠮稚蟲。

蟲。

幽蟌科（Euphaeidae）

本科稚蟲軀體扁短，腹部具絲狀側鰓，三根肉囊狀尾鰓。主要棲息於河川中、上游未受或稍受污染或輕度污染之水域。本科中之短腹幽蟌（*Euphaea formosa*）在溪流頗為常見。

廣翅目Megaloptera（dobsonfly）

本目包含魚蛉科和石蛉科，幼蟲為水生，成蟲為陸生；兩者幼蟲之區別為石蛉科幼蟲第一～八及第十腹節具有側腹絲，而魚蛉科在第十七腹節具側腹絲及腹部末端具——中央尾絲。

石蛉科（Corydalidae）（dobsonfly）

幼蟲體型大，身軀扁長，口器發達，因外型狀似蜈蚣，捕捉時亦會以口器咬人，頗為活潑，又稱「水蜈蚣」，但卻是道地的昆蟲。幼蟲具側腹絲，末端有尾肢；屬肉食性種類，以其他水生動物為食。一般生活史可長達二～三年，在台灣乾淨溪流的中、上游的石下常可發現。

半翅目Hemiptera （water bugs）

蠍椿科（Nepidae）（scorpionfly）

俗稱紅娘華，多生活於靜水域的湖沼、池塘，或溪流兩旁近岸的緩水域。軀體寬扁，腹末具一細長的呼吸管，可伸出水面呼吸。前足為捕捉足，類似螳螂前足。

鞘翅目Coleoptera （water beetles）

鞘翅目是昆蟲中種類最多的一群，其中有部分種類其幼、成蟲均生活於水中；一般水棲甲蟲類，其成蟲通常呈圓形或橢圓形，幼蟲則呈長筒形或扁平形。有些種類幼蟲及成蟲為肉食性，如豉蟲科、龍蝨科；植食性或雜食性之種類則如長腳泥蟲科、扁泥蟲科。

扁泥蟲科（Psephenidae）（water penny）

本科之主要特徵為幼蟲軀體呈扁圓形或橢圓形，而頭部縮入前胸背皮下方，難由背面觀察到。幼蟲呈淡黃褐色、體扁平，宛如錢幣，故有水錢之稱；常見的扁泥蟲其各體節之背板密接，外形類似寒武紀三葉蟲；部分種類腹部具鰓，鰓絲呈放射狀。因扁平體型，可匍匐平

貼於石頭上抵抗急流，大多棲息溪流急瀨或緩流區，水質要求為 β 及 α-中腐水性水域，也就是輕度至中度污染水質。

雙翅目Diptera （midge, mosquito, aquatic gnat and fly）

本目大部分卵、幼蟲及蛹為水生，成蟲陸生。幼蟲形態變異頗大，蟲體大部分為蛆狀，軀體有瘦長形者，亦有紡錘形或圓筒狀之種類；但共同特徵為胸節上不具完整的三對胸足，部分種類僅具無分節的足。本目有部分科之成蟲為衛生上之重要害蟲，例如蚊科、蚋科、虻科及家蠅科；惟其幼蟲期對人類無害。幼蟲之呼吸方式有直接以體表交換氣體者，有些種類則具呼吸管或鰓。

網蚊科（Blephariceridae）（netwinged midge）

本科幼蟲主要特徵為身體兩側有六個深的內陷，而明顯分為七個部分。頭、胸及第一腹節癒合，且腹節腹面中央有一個圓形吸盤，吸盤上方兩側各有一叢狀鰓，腹末最後一節較小，呈半圓形，為第七至十節之癒合體。體背面多呈灰褐色，腹面黃白色，棲息於未受或稍受污染之急流水域中，利用吸盤附著於石頭上，以食藻類為生；大多為淡水魚之食餌。

水蜈蚣幼蟲狀似蜈蚣。

搖蚊科（Chironomidae）（non-biting midge, midge）

幼蟲體小呈圓筒形，體色不一定，大多為乳黃色，但亦有紅色、綠色等。頭部為幾丁質化之頭殼；前胸及腹部末端各具一對假足；部分種類腹部具有指狀突起，可透過體壁在水中進行氣體交換。幼蟲棲息之水域變異頗大，有生活於未受污染水域者，但也有只棲息在嚴重污染之種類，如紅搖蚊，其體色呈紅色，故又稱「紅蟲」。紅蟲生活於骯髒的水域，通常是潛入泥沙中，以腐敗有機質為生。

台灣的地理景觀豐富多樣，溪流的數量也不在小數；尤其是浴火重生後的溪頭自然教育園區內溪流交織，是觀察溪流環境的理想地區。溪中的魚、蝦、蟹總是容易吸引大家的目光，然而另一大水棲動物類群──「水棲昆蟲」卻鮮少獲得關愛的眼神；其實水棲昆蟲是評估溪流水質相當好的指標生物，透過認識水棲昆蟲種類及其適合之水質環境，得知溪流水質乾淨程度；走進溪頭自然教育園區，只要你初步認識水棲昆蟲，進而親近溪中小生命，便能了解當地水質，而這種小動物也能評估生態工程對溪流生態的影響，並喚起大家對溪流棲地保育的重視。

為海岸披彩衣 ——
墾丁熱帶林間的昆蟲

墾丁除了碧綠的海水、嶙峋的奇石⋯⋯
在枝椏繁生的熱帶林間，更多的是白蟻、蝗
蟲、紡織娘、蝴蝶、蟬、甲蟲等多采多姿的
昆蟲，牠們替南台灣的海岸披了美麗的彩
衣，洋溢出一股生機！

入秋之後的北部地區，老是飄著絲絲的
細雨，而天空也經常陰沉沉的；但是在台灣
南端的墾丁，儘管落山風使蓊蓊鬱鬱的林
木，婆娑起舞，天空也沒夏日的蔚藍，可是
氣候仍十分宜人，風光旖旎依舊。

春夏之際的墾丁更是「明豔動人」，碧
綠的海水，嶙峋奇石，欣欣向榮的熱帶林，
無不令人心曠神怡！徜徉在珊瑚礁夾道的小
徑，內心有股難以名狀的舒暢。

1. 黃裳鳳蝶雄蟲。
2. 交尾中的虎天牛。

根據植物學家的調查，在墾丁國家公園
區內的自生種植物，幾達一八二科七〇四屬
一二三八種之多；這些植物，或生長於珊瑚
礁間、或坐落於沙丘、或遍佈山坡、草原、

墾丁附近的熱帶海岸林。

或茁壯於海邊，把整個公園點綴得如詩如畫。

有植物就有昆蟲，牠們出現在花叢之間，為找尋食物和伴侶而忙碌著；也常棲身樹叢、草間，為了休息或佇候獵物而守株待「蟲」。即使是枯腐的木頭中，也「躲」有不少小小的生命。

白蟻是重要角色

枝幹交錯，枝椏繁生的熱帶林，洋溢著南國的風味；信步徜徉，常可發現有些生機較差的樹幹，有條土黃色的長隧道。審視倒伏地面的枯木，樹皮大半剝落，但一片片黃土，覆蓋其上，這究竟是怎麼一回事呢？原來這全都是白蟻的傑作。

所以，假如您有雅興，不妨俯拾樹枝，輕輕地剝開隧道，您必會發現一隻隻蠕動中的白蟻；牠們有的大顎奇大，有的頭上有尖狀物，這都是牠的兵族。不過，為數最多的，還是個體稍小的工蟻。

白蟻的警覺性相當高，隧道一被破壞，一小羣工蟻會立刻分工合作，把殘破的部分修築好。這時候，如果附近恰好有螞蟻路過，這些貪得無厭的傢伙便會以強而有力的大顎把白白胖胖的白蟻咬住，準備帶回巢中享用。然而，白蟻——尤其是兵蟻，也不是省油的燈，牠們會以大顎及化學武器對付來犯的螞蟻雄兵；可是，不幸的是白蟻通常

不是螞蟻的對手。

　　不過，白蟻的天敵並不只有螞蟻而已，如果您能駐足觀察片刻，還可能發現一種身披泥巴善於偽裝的蟻蛉，牠們利用白蟻築巢的土粒，蓋在背上，然後混進白蟻羣中，把一隻隻的小可憐加以捕殺。

　　儘管這種社會性昆蟲可能為害林木，也是重要的居室害蟲之一；但是在熱帶林中，牠們都是扮演著「分解者」的角色，能把枯木化為塵土，回歸自然。

枯木堆下有乾坤

　　其實，在枯腐的木材下，不僅能找到白蟻，還能發現好幾種昆蟲；像蠼螋、蜚蠊及某些小甲蟲，也常棲息其中。甚至非屬於昆蟲的蜈蚣、鼠婦和馬陸，也經常周旋在這些枯木之間。如果您有把小鏟子，亦不妨在枯木堆中尋尋覓覓，也許您可發現許多呈C字型的蟲兒；這種在台灣民間俗稱「雞母蟲」的小動物，可能是金龜子（包括獨角仙）或鍬形蟲的幼蟲。

　　前者的幼蟲，腹末有一橫線，而後者則有人字形般的裂痕，因此不難區別。不過，您如想飼養的話，也可以用塑膠袋多裝些枯木，連同採獲的雞母蟲攜回飼養。但在國家公園內，採集活動必須申請許

可，否則會觸法。

蝗蟲幾乎全年可見

在墾丁公園內，有許多種昆蟲幾乎是終年發生的；就以蝗蟲來說，種類奇多；牠們或穿梭於灌木及雜草叢中，或跳躍於地面，隨處可得。

這些後腿尤其發達的蟲兒，有頭部尖尖的負蝗類，也有各式各樣的土蝗類；有體長可達五、六公分長的台灣大蝗，也有小巧而又活躍於地面的稜蝗類。蝗蟲是大食客，牠們雖不像羣飛的飛蝗，一降落地面，就造成滿目瘡痍的局面，但依然會使園內的許多禾本科植物或馬櫻丹等野花「傷痕」累累。但在自然環境中，牠們也有不少天敵，所以還不致對當地植物、林木造成威脅。

每年八至十月間，是台灣大蝗的繁殖季節，在海邊的林投樹上，路邊的小徑，常可發現這種大型蝗蟲；尤其是雌蟲產卵期間，偶可發現這些可憐的傢伙慘死在無知遊客的腳下及往來車子的輪下，實在令人感慨！

紡織娘唱出秋之歌

秋天是鳴蟲的季節，樹叢、草間，嘰吱的蟲兒羣起鼓噪；尤其是向晚時分，一些大型的紡織娘紛紛引吭高歌，為黑沉沉的大地憑添幾許羅曼蒂克的情調。

在紡織娘中，只有雄蟲才會「唱」情歌，因為在牠們的前翅上具有類似小提琴的彈器和弦器。這類蟲兒特殊之處是聽器位於前腳的脛節上；雌蟲在聽到雄蟲唱情歌後會循聲而至，然後共效魚水之歌。不過，「歌聲」也是雄蟲表現領域行為的方式。

在墾丁公園內，俗稱紡織娘的螽斯也有不少種；有的全身翠綠，有的像片綠葉，有的則宛如枯葉一般。而鳴蟲除了螽斯之外，還有蟋蟀類；牠們通常穿梭地面，雄蟲也有類似的發音器；如被發現，大多以跳躍的方式逃命。

蝴蝶為墾丁披彩衣

墾丁的夏天，天大天藍；碧綠的波濤，輕拍海岸，風光明媚。而在翠綠的林間，除了可看到羣蝶飛舞的鏡頭之外，令人震耳欲聾的蟬叫，把山林原野，叫得熱鬧非常！

由墾丁國家公園蝶類調查資料得知，生活在墾丁公園內的蝴蝶，

最少有一六二種，幾佔全島蝶種的三分之一；這些「大自然的舞姬」，為綠油油的大地，披上一襲彩衣。

　　這裡的蝶兒，以黃裳鳳蝶、綠斑鳳蝶，紅斑大鳳蝶、恆春黑擬蛺蝶及大白斑蝶最為有名。尤其是黃裳鳳蝶，顏色豔麗，翩翩起舞時，令人嘆為觀止！而大白斑蝶，乃寶島產中體型最大的斑蝶，牠們飛行速度奇緩，極易被捕，因此當地人稱牠們為「大笨蝶」。

　　除此，這一區內常見的蝴蝶，還有雲紋粉蝶、台灣黃蝶及青斑蝶類、蛇目蝶和小灰蝶等；所以，對喜歡蝴蝶的人而言，墾丁國家公園區確是一賞蝶勝地。

1. 綠斑鳳蝶是墾丁地區重要的蝶種。
2. 吸食花蜜的黃裳鳳蝶是墾丁地區常見的美麗蝴蝶。

墾丁地區常見的大白斑蝶又名「大笨蝶」，因其飛行緩慢而得名。

墾丁也是蟬的王國

由文獻得知，台灣產的蟬約有六十種左右；其中大約有半數的種類可在墾丁公園內發現；因此，對蟬有興趣的蟲友，不妨趁夏、秋兩季，徜徉園內追蹤。

蟬是著名的鳴蟲，但在蟬國中雌蟲全都是「啞巴」，因為在牠們的腹部並沒有能發出聲音的發音器。這類同翅目昆蟲，幼期是生活於土中；在漫漫數年的發育期中，牠們久蟄土穴，以樹根的汁液為食，成長過程十分艱辛；難怪牠們一蛻變成成蟲之後，會叫得格外「慘烈」，莫非向世人宣告已掙脫「黑」暗的地獄？

1. 黑翅紅腹蟬。　2. 蟪蛄。　3. 鬼豔鍬形蟲。　4. 八星虎甲蟲。

夏天甲蟲多

除了蝶和蟬之外，林木奇多的墾丁，也「蘊藏」無數甲蟲和蛾類；在炎熱的夏天，這兒一入夜之後，遊客們常能在燈下發現各式各樣的蛾類和甲蟲。

在甲蟲中，仍以獨角仙及鍬形蟲最吸引人；喜歡昆蟲的人每到林地，總喜歡抓幾隻這類蟲兒回家當「活寵物」。難能可貴的是，獨角仙和鍬形蟲頗易「侍候」，只要一、二天為牠們換換「水果大餐」，牠們通常可存活一個月以上。不過，在墾丁國家公園內，發現這些甲蟲，請拍照留念，切莫私自帶回，以免觸法。

3　4

紅腹鹿子蛾交尾。

在白天，只要您細心，那麼可能發現吉丁蟲、叩頭蟲及天牛等漂亮，或好玩的甲蟲。

至於蛾類，實難以數計；特別是無月的晚上，路燈下常羣聚一大羣蛾類飛舞著；在墾丁公園內，有一種蛾類，全身「珠光寶氣」，相當豔麗；當地人稱之為「新娘子」。這種白天出來活動的「俏」蛾，也就是紅腹鹿子蛾。由於蛾類種類「多如牛毛」，在還沒畫入國家公園之前，整個夏天，國內、外的蛾類學者，經常前來造訪，並進行採集調查。

1. 粉彩吉丁蟲。　2. 台灣騷金龜群聚吸食樹液。

活的自然資源寶庫

竹節蟲是擬態高手，有許多種類也兼具保護色或兼有「化學武器」。牠們全身呈長形，體節分明，宛如竹節，故而得名。

在墾丁公園區的林投樹上，就有一種大型的竹節蟲棲息，這就是津田氏大頭竹節蟲。這種一年只有一代的竹節蟲，就是以這種多刺的防風林葉片為食。由於口器發達，厚粗的林投葉，常被唏唏唰唰地咬著吃。

津田氏大頭竹節蟲體長可達十～十二公分；而且也只產於此區，所以牠們算是這兒的「特產」之一。不過，由於數量不多，目前已被列為保育類動物。

九、十月間的墾丁，在區內的溪流附近，常可發現成羣的蜻蜓飛舞；原來牠們正為傳宗接代而飛。在潺潺流水的岩間，豆娘往返穿梭，洋溢著一片生氣！

而除了這些蟲兒之外，在墾丁公園內常見的昆蟲還有螳螂、椿象、蜂、虻……；令人目不暇給！所以，欲觀察這些「活的自然資源」，墾丁確是一好地方！

啾啾唧唧四壁蟲聲 ——
墾丁賞蟲之旅

墾丁國家公園轄內的海岸林。

一提起紅尾伯勞這種來自北方的候鳥，很多人立刻會聯想到這是一群每年入秋之後成群入境恆春半島的過境鳥。可是牠們為何會成群蟄留墾丁國家公園區和附近的車城、楓港、滿州呢？除了這兒是牠們移棲的中途休息站之外，還有另外一個重要因素是這兒生態環境複雜——有森林、沼澤、草原、農田及熱帶海岸林，繁生的植物種類甚多，以墾丁國家公園為例，原生植物即達一二三八種；而此種環境正是紅尾伯勞主要食物——昆蟲類最理想的生活環境。所以在此過境，這群野鳥便可覓尋各種昆蟲為食，做為繼續南飛的能源。因此，當您徜徉在墾丁國家公園內的各種生態區時，您所看到昆蟲種類，每每各異其趣。

在大白天，森林區的落葉底層和枯木堆中，白蟻社會活躍著；甲蟲及蟬類則在樹幹和葉間上出現。走訪社頂及熱帶海岸林中，蝶類款款而飛；踏在社頂、風吹沙及南仁山的草原區，蝗蟲、蟋蟀到處飛、跳。漫步沼澤區附近，蜻蜓、豆娘各顯風華。

在入夜之後，林區中的鳴蟲，嘰吱作響，熱鬧非凡！路燈下，蛾類飛舞，而趨光性的甲蟲更是不甘寂寞地到處徜徉；尤其是在炎熱的夏季，昆蟲更是猖狂！

森林區中的昆蟲世界

墾丁的森林遊樂區，林木參天，氣象萬千！分布在這兒的昆蟲，如以植物的表層、中層和上層區分，則在表層中，以白蟻社會、蟋蟀類及步行蟲類為代表。

雖然白蟻也可能出現在生長勢較差的樹木表皮，但為數較多者乃林間橫陳的枯木叢中；所以只要剝開枯腐的木頭，那麼在土質的隧道下，一隻隻的白蟻，生意盎然！如有雅興，駐足旁觀，往往可見工蟻眾志成城般的修築「城池」的鏡頭。其至還可見及工蟻和螞蟻大打群架的場面；當然，您也可觀察到白蟻巢中的各種寄居或掠食的小動物。「一沙一世界」，小小的白蟻社會也是大自然的縮影呢！

枯木雖了無生命，但剝開枯木，除白蟻之外，還有許多甲蟲類的幼蟲，像步行蟲類、叩頭蟲類幼蟲，穿梭其中；另外，在雜草底部，一隻隻揚著長長觸角的蟋蟀，如受騷擾，就到處亂跳；而在平常，雄蟲時則鳴叫，或宣告領域，或大唱戰歌；每到繁殖季節，則更情歌綿綿，擾人清眠。

在底層的落葉下，多腳的馬陸常彎曲著身體蜷伏其中；而長達十公分左右的大蜈蚣，則棲息其間等待機會，佇候疏於注意的蟲兒來臨。所以落葉雖寧靜，其間卻殺機重重！

1. 森林底層的枯木與落葉孕育了物種的多樣性。　2. 白蟻的若蟲與成蟲。　3. 於樹枝間築巢的舉尾蟻。　4. 螞蟻與蚜蟲共生。

1. 白蟻於地表築巢。　2. 在地表上活動的蜈蚣。　3. 落果是扁鍬形蟲喜愛的食物。　4. 螻蛄的死屍成為螞蟻重要食物來源。

表層的地面，也偶能見及動物的死屍；在屍體尚未化成白骨之前，一群翅鞘短短的埋葬蟲正殷勤地收拾殘局，把死屍上的腐肉一一分解，並在附近交尾、產卵，而牠們也就成了森林中的清道夫！

出現樹木中、上層的昆蟲，以甲蟲類及蛾類為代表，每到夏天，甲蟲大多羽化而出，活躍於森林之間；因此只要多加注意，便可見及各式豔麗或體色平淡的吉丁蟲、叩頭蟲、象鼻蟲及天牛等。有時候甚至能發現成群金龜子嚼食整棵樹葉的壯觀場面！

蟬聲悠揚碧樹無情

在林間的開闊地區，尤其是野花齊放的地方，翩翩蝶影，令人目不暇給！在一些蝶類寄生植物，例如大葉合歡、小刺山柑、樟樹、山刺番荔枝、過山香等的葉上，也時可見及形形色色的粉蝶類或鳳蝶類的幼蟲。

在夏天時，悠揚的蟬鳴，可算是墾丁國家公園的一大特色，當然這也是森林區中的要角！

「垂緌飲清露，流響出疏桐；居高聲自遠，非是藉秋風。」這是唐人駱賓王的「詠蟬」詩。然而蟬聲雖能撩人，感受卻每每因人、因事而異！煩燥時，蟬聲令人煩囂；失意時，更令人益覺悽愴！心情好

時聆蟬，蟬聲則宛如天籟，餘音繞樑！然而在蟬的世界裡，鳴聲不過是雄蟲求偶及標幟領域的訊號罷了！

　　在墾丁國家公園森林遊樂區中，常見的蟬有熊蟬、台灣熊蟬、蟪蛄、台灣騷蟬、薄翅蟬、蓬萊蟬、黑翅蟬……等，每一種的鳴聲，均各異其趣，如有雅興，亦不妨分別錄音聆賞。

賞蝶就到社頂來

　　森林遊樂區的邊緣，是以珊瑚礁為主要地形的社頂自然公園；徜徉此一園區，極目遠眺。令人心曠神怡！在這兒，遍地開著串串紫色小花的長穗木，和一朵朵紅橙色的馬纓丹，而這也就成了蝶類最喜歡造訪的花園。

　　據調查，活躍此區的蝶類幾達一六二種左右，其中包括鳳蝶類、粉蝶類、斑蝶類、蛺蝶類等甚具觀賞價值之蝶種；而以玉帶鳳蝶、黃蝶類、大白斑蝶、青斑蝶類及蛇眼紋擬蛺蝶為優勢種。

　　難能可貴的是這兒的蝶種，全年可見；即使落山風吹襲的月份，溫暖的小山谷中，仍可見到二、三十種蝶類在蜜源植物間穿梭。由於蝶類資源豐富，視野良好，蜜源植物又多，管理處已將此地規畫為賞蝶的重鎮，只要自助式的賞蝶解說牌一建立，賞蝶就到社頂來！

而在社頂公園區內，開闊的草原，也是重要的景觀；踏在如茵的草地，多種蝗蟲騰空躍起，洋溢著生命的喜悅！除了蝗蟲、蟋蟀的踪跡，或隱或現；而小穴旁邊堆砌著細細土粒的蟻洞，也時時可見。蹲下來觀察工蟻殷勤搬動蟲屍或種子，每每令人憶起童年。

　　在露水未乾的清晨，走在社頂公園的草地上，常可發現層層白白的蜘蛛網上，尚沾有滴滴露水，而網中駐守著守網待蟲的蜘蛛，守住網子，守住幾許希望。這兒的蜘蛛網雖沒有森林區中人面蜘蛛的網大，但也別具情趣！別忘了也探訪這些寂寞又殷勤的「八腳小將軍」！

海岸林區風味別具

　　鵝鑾鼻公園及香蕉灣熱帶海岸林是遊客經常造訪的勝地；雖然鵝鑾鼻公園內栽有不少人工栽培的花木，也可見及蛾類和介殼蟲類等似乎有礙觀瞻的害蟲。

　　這兒由於高位珊瑚礁間仍長有許多蝶類幼蟲的食草，例如港口馬兜鈴及爬森藤等，因此常引來不少黃裳鳳蝶、大紅紋鳳蝶、紅紋鳳蝶及大白斑蝶之造訪；尤其是黃裳鳳蝶之驚鴻一瞥，每每令遊客有驚豔之感！紅紋鳳蝶外型豔麗，但款款而舞的姿態，則和有「大笨蝶」之

稱的大白斑蝶相映成趣！

　　林投是這兩個地方的優勢種植物之一，在多刺的林投葉間，大型的台灣大蝗和墾丁昆蟲之寶——津田氏大頭竹節蟲生活其中。牠們囓食林投葉片的方式雖各異其趣，但兩者實不難區分；前者食痕概呈不規則狀，但後者往往使葉片形成長形缺刻。然而，發現牠們時尚請動眼不動手，且讓牠們自由自在地生活、繁衍吧！尤其是津田氏大頭竹節蟲，此區及綠島乃台灣僅有之分佈紀錄，體長可達十～十二公分，軀體寬扁，迥異於習見之瘦長型種類，其珍貴自不在話下。

　　風吹沙一帶是以草原景觀為代表，由於植物相極為單純，所以棲息其間的昆蟲仍以蝗蟲類及蟋蟀類為主；然而由於這兒常有牛隻放牧，在成堆的牛糞下，也暗藏玄機。

　　牛糞成分主要是雜草纖維，所以味道並不太臭；如想窺其堂奧，不妨以樹枝、竹片撥弄略乾的牛糞，將可發現除了一些蠅蛆、蛹及隱翅蟲、鰹節蟲等小甲蟲外，運氣好的話，往往能發現形形色色、大小不一的糞金龜。據文獻記載，分佈在恆春半島的糞金龜達五十二種之多；其中有宛如小坦克的大糞金龜，乃這些清道夫中的巨無霸，在遼闊的草原上，這些甲蟲正默默地進行糞便的分解工作，使部分有機養分能重新被植物吸收，使自然界的循環，能延續下去，周而復始。

1. 大紅紋鳳蝶。　　2. 紅紋鳳蝶。　　3. 津田氏大頭竹節蟲。　　4. 突眼蝗。

南仁山區蜻蜓及水蠆樂園

　　南仁山區是墾丁國家公園的生態保護區，也是一塊未遭人類破壞的淨土；漫步其中，宛如走進世外桃源一般；在這兒有森林、有草原，還有其他自然景觀所無的綿延不絕的沼澤及偌大的南仁湖。

　　森林區和草原區的昆蟲相和前述者相似，甲蟲、蛾類及蝶類，均頗豐富；而值得一提的是在沼澤區間，由於流水不斷，加之未遭汙染，生活其中的水棲昆蟲甚多，特別是逐水而居的蜻蜓和豆娘，種類奇多。據載，分佈在此區中的蜻蜓有四十五種，而豆娘類則有二十種左右，甚稱為蜻蜓豆娘的樂園。除此，本區還有許許多多水棲昆蟲棲

1.2. 推糞金龜子在製作糞球。　　3. 粗腰蜻蜓。　　4. 環紋琵蟌。

息其間。然而此區已闢為生態保護區，所以除了學術研究之外，並不對遊客開放。

巖洞雖暗蟲跡依稀

　　崎嶇起伏的珊瑚礁巖洞和石灰巖洞也是墾丁國家公園的奇特景觀；走在這些陰暗的洞穴、隧道之間，仍可見及蟲兒的芳踪。在這些地區，以竈馬、蟋蟀及野生的蟑螂較多；而在岩縫間也常能發現不屬於昆蟲的盲蛛類及蚰蜒。在靠近樹叢之洞穴出口、入口的岩壁上，也偶可見及翅色灰暗的蛇目蝶類。這些昆蟲外型雖難和其他地區的種類

相比擬，但也自有其特色！

在白天，昆蟲類生意盎然；不過也有一些昆蟲，牠們在入夜之後才活躍起來。徜徉在森林遊樂區的夜裡，路燈下，大、小型蛾類撲火而來，獨角仙、鍬形蟲及步行蟲類也不約而同出現；此時，節律分明的螽斯則殷勤地鳴叫，蟋蟀類也嘎吱地伴奏。所以夜訪昆蟲別具風味！

昆蟲是國家公園的自然資源，也是整個生態系中食物鏈和食物網中的重要成員，但這卻是許多飽受蚊蠅等衛生害蟲和農作物害蟲騷擾的人們所難能領略的；然而只要您能敞開胸懷去接近這些小動物，您必會發現其可愛之處！墾丁國家公園，自然天成，得天獨厚，不但是賞鳥、觀海、認識地形、野生植物的好去處外，也是作昆蟲之旅，賞蝶、觀蟲的好地方。

水汙染的先知先覺 ── 水棲昆蟲

仰望巍峨起伏的山巒，滿目蓊鬱的翠林，無不令人心曠神怡！徜徉林間小道，蟲鳴鳥叫，溪水潺潺，更是令人心胸舒暢！尤其是溽暑之際，倚坐溪邊巨石，脫下鞋子，雙腳泡進水中，沁涼的溪水，一股股從腳邊、腳趾間流過，那種無比清涼的感覺，的確難以用筆墨形容！然而當你涉足入溪，除了會發現往返穿梭的大小魚群之外，在水下的石縫之間，還可發現蟄伏著的蝦類、螃蟹；翻起流水不斷的鵝卵石、卵石，更會發現無數身體扁扁的蟲兒，牠們一隻隻搖著尾毛或鰓，在和體色相近的石塊上快速匍匐，原來這就是鼎鼎大名的蜉蝣和石蠅的稚蟲。

　　撿起石塊，仔細審視，往往也能看到另一群會在石上結石為巢或在石間織網覓食的石蠶蛾幼蟲。在緩流的落葉或枯木之間撥弄翻尋，

1. 樂仙蜻蜓。　2. 霜白蜻蜓。　3. 善變蜻蜓。　4. 粗鉤春蜓。

有時候還可找到酷似蜈蚣的石蛉幼蟲，和像戴有面具的蜻蜓、豆娘稚蟲——水薑；沒想到流水下的生物世界竟然是如此生意盎然！

　　其實除了這些小生命之外，在溪流中還有渦蟲、水蛭及各式各樣的螺貝類生活著，特別是在河流上游清澈的河域，這些動物的種類和數量，尤其豐富。

　　在河流中，水生植物也是重要的組成分子；不管是浮游性的水生植物或固著性的水生植物，通常具葉綠素，它們能利用光合作用，製造葡萄糖以供給本身之需要。不過，在河流的源頭，如果兩岸枝葉交錯，陽光透入較少，這些水生植物的數量也較少。水生植物除了可直接提供許多草食性、藻食性魚類和水棲昆蟲的食物之外，高等植物的落葉或死亡的植株，也都能成為許多水棲小動物的食物或棲所。所

3　4

1. 鱗石蛾（科）。
2. 苦石蛾（科）。
3. 海神弓蜓。
4. 四節蜉蝣（科）。

以，如從營養循環的觀點來看，水生植物主要是扮演生產者的角色。

溪流中的水生植物雖然有燈心草、布袋蓮、水丁香之類的高等植物，但主要仍是以固著性的藻類，和須藉助顯微鏡始能見及的矽藻、紅藻為主。固著性的藻類以水中的岩石或落葉、枯枝為底質附著生長，此例如剛毛藻、念珠藻及水綿；矽藻類則種類繁多。由於這些植物都有適存的環境及條件，所以生態學家也常以水生植物做為水域環境的指標生物。

另外，在河流間一些潮濕的岩石上，也常有各式各樣的地衣和苔蘚類植物附生；在蒼翠的林木和潺潺的溪水之間，彼此相映成趣！所以，這些水邊和水生植物除了是水域生態系中的重要成員之外，也是大自然的「綠色精靈」，為河域增添幾分生趣！

水下世界生意盎然。

魚類是水族重要成員

　　魚類是溪流中最為大家所熟知，也是溪釣活動中的主角，尤其是在上游或輕度污染的河域，魚類的數量往往相當豐富；這些魚類除了提供人類休閒活動之外，也是沿溪住民獲取動物蛋白的來源之一。

　　據魚類學家的統計，全世界的淡水魚共有四十二科；每年淡水魚的漁獲量在一千七百～二千萬公噸之間。而在台灣，根據學者的統計，共有二百餘種淡水魚；其中純淡水魚則有八十餘種，其中不乏經濟魚種。就以有「國寶魚」之稱的櫻花鉤吻鮭來說，在日據時代曾經是梨山、環山一帶原住民獲取動物蛋白的主要來源之一；可是由於開發山林等因素，如今這種鮭鱒魚類卻已成為瀕臨絕種的動物，的確令人感慨！

1. 粗首鱲。　2. 台灣纓口鰍。　3. 台灣石䱱。　4. 台灣馬口魚。

其實和櫻花鉤吻鮭面臨同樣境況的還有味美可口的香魚；儘管現在溪釣客或捕魚的人依然能在北部的翡翠水庫或中部的德基水庫捕獲這種魚兒，但這些香魚全是來自日本，再放流水庫中的「舶來」魚！

還有久負盛名的鱸鰻，也由於濫捕和溪流遭受污染，如今已極為罕見；其他像高身鏟頜魚、台東間爬岩鰍、埔里中華間爬岩鰍及台灣鬥魚，有些已列名於台灣珍稀動物名錄之中。

淡水魚可當作水質等級的指標生物

在台灣產的純淡水魚中，分佈於上游的，例如上述之櫻花鉤吻鮭、香魚、鱸鰻及鮈魚；徜徉於中、上游之間的粗首鱲、平頜鱲、台灣纓口鰍、爬岩鰍類、台灣石𩼧、台灣馬口魚、台灣鏟頜魚及鰕虎

類；分佈於中、下游的，則以鯉魚、鯽魚及吳郭魚類為主。

香魚是上等的食用魚類，現以水庫為多：粗首鱲、平頷鱲、台灣石𩽽、鯉魚、鯽魚、草魚、鰱魚及吳郭魚，則為台灣溪釣或水庫中之重要魚類，生活於河域附近的居民，也常網捕、撈取販售以補貼家用。不過，在台灣淡水魚類通常是供溪釣、休閒為主，在所有漁獲物中所佔的比例除養殖者外，已微不足道！

然而，由於某些魚種只能適存於某些水域環境或某些水質中，因此有些生態學者也把魚類當作水質污染等級之指標生物。根據經濟部水利署之調查，在淡水河流域，屬於不耐污染魚種有鯝魚（*Varicorhinus tamusuiensis*）、台灣鮠（*Leiocassis taiwanensis*）、日月潭鮠（*L. brevianals*）及台灣石爬子（*Heminyzon formosanum*）。屬於耐輕度污染魚種，則有台灣石𩽽（*Acrossocheilus formasanus*）、淡水河鮠（*L. adiposalis*）及台灣平鰭鰍（*Crossostoma lacustre*）。屬於耐中度污染魚種的，則有羅漢魚（*Pesudorasboro pana*）、短吻鐮柄魚（*Pseudogobio brevirostris*）、平頷鱲（*Zacco platypus*）粗首鱲（*Z. pachycephalu*）、丹氏鱲（*Z. temmincki*）、鯽魚（*Carassius auratus*）、川鰕魚（*Rhinogobius similis*）、鱧魚（*Channa maculatus*）等。至於屬於耐嚴重污染魚種，則有吳郭魚（*Tilapig* spp.）、塘蝨魚（*Clarias fuscus*）及大肚魚（*Gambusia patruelis*）等。

　　不過，由於淡水魚類之活動性較大，許多種類所分佈之水域較廣、可能分佈於輕度污染水域，亦同時分佈於中度污染水域，加之如河流較深或河面寬廣，捕獲較不容易，因此如以魚類做為監測水質之指標生物，在實際應用時似乎不像底棲生物那麼方便、快捷。

蛙類爬蟲類溪流中的少數民族

　　兩棲類動物包括蛙類、蟾蜍及山椒魚，其幼期均生活於水中，成體則大多水陸兩棲，因此也是組成水域生態系生物成員之一；在台灣之河川、蝌蚪尚稱普遍出現，尤其是在中、上游，每當繁殖季節時，近岸的河和水草之間，常可見到一群群緩緩搖曳長尾的蝌蚪，在河中移動。這些蝌蚪，經常成為河中較大型魚類及鳥類的食物。

　　至於成蛙和成熟的蟾蜍，有很多種類在繁殖時，往往潛入河中，或產卵於河邊臨時性因河水漲退或下雨所形成的小水窪中。

　　一般在河流中較常出現的蛙類，例如拉都希氏赤蛙、梭德氏赤蛙及斯文豪氏赤蛙等。另外，黑眶蟾蜍及盤古蟾蜍也頗為常見。出現於河川之蛙類和蟾蜍，通常以附近的水、陸棲昆蟲為食。

　　爬蟲類動物在河域中只能算「少數民族」；在蛇類方面，以水蛇

較為常見；蜥蜴類則不多見。另外，台灣產的四種龜類，包括食蛇龜、柴棺龜、斑龜、金龜，除湖沼外，亦見於河中。近年來，由於飼養寵物風氣頗盛，加之佛、道教徒之放生活動，一種來自國外之巴西龜已在台灣之湖沼及河中立足；甚至也有人曾在某些河域中捕獲巨水蜥及鱷魚，此足見外來種在台灣之泛濫。其實，此現象亦見於許多觀賞性鳥類及魚類，這就本土動物資源而言，也是一種警訊，但會不會像福壽螺那樣造成巨禍，則有待長期監測。

在爬蟲類中，鼈本為河川常見的動物，但由於台灣河川中，下游污染嚴重，此種動物已不多見；惟民間之養殖場已成功地飼養此種經濟動物。

1. 鉛色水鶇。　2. 陸生性蟹類。　3. 白痣珈蟌。　4. 彩裳蜻蜓。

水棲昆蟲是最大的家族

　　然而，儘管在溪流中鳥類頗吸引人，魚、蝦、螃蟹常引人注目，但是在河中數量和種類最多的，則要數水棲昆蟲！這些水棲昆蟲，包括蜉蝣、石蠅、石蛉、石蠶蛾、蜻蜓、豆娘、搖蚊、網蚊及大蚊等。

　　可是什麼是水棲昆蟲呢？根據Usinger（1956）及Lehmkuhl（1979）等人定義：「凡生活史之某一時期，或全部生活史均在水中完成之昆蟲」，則稱之為「水棲昆蟲」。這些水棲昆蟲在已知之昆蟲中，種類雖然只佔昆蟲總種數之4％，但所涵蓋之科目和科卻相當多。就目（Order）而言，全目幼期均為水生者，有蜉蝣目（Ephemeroptera）、襀翅目（Plecoptera）、蜻蛉目（Odonata）及毛翅目（Trichoptera）。其他幼期亦為水生的，尚有部分半翅目

3 4

（Hemiptera）、鞘翅目（Coleoptera）、雙翅目（Diptera）、廣翅目（Megaloptera）、脈翅目（Neuroptera）、鱗翅目（Lepidoptera）及膜翅目（Hymenoptera）等。

溪流中水棲昆蟲和食物的關係

在河域中這些水棲昆蟲究竟扮演何種角色，則可就其食性窺知。據Cummins & Klug（1979）和 Cummins & Merritt（1984）之區分，溪流中之水棲昆蟲的食性可分成下列：

採食者（Collector）：以水中之有機物顆粒為生，是故如就食物鏈的觀點觀之，此類水棲昆蟲可視為生產者（Producer）。

刮食者（Scraper）：此類水棲昆蟲以附生石頭之水藻類為主食，因此可視之為初級消費者（Primary consumer）。

碎食者（Shredder）：此類水棲昆蟲的食物為植物的碎片或高等植物的莖、葉，因此亦為初級消費者。不過，亦有些種類會分解維管束植物的死亡植株為生，因此這類水棲昆蟲亦有可能被視為分解者。

吸食者（Piercer）：此類水棲昆蟲通常以刺吸式口器吸食水生植物的汁液為生，因此亦被視為初級消費者。

捕食者（Predator）：此類水棲昆蟲包括直接捕食其他水生動

物或寄生於其他水生動物之種類，因此被視為次級或三級消費者
（Secondary or Tertiary consumer）。

所以，在河域中這些水棲昆蟲可能扮演著捕食水中的小動物、浮
游生物的角色，也可能攝食活的水生植物，或以已分解的各種有機物
為生。然而，不管哪一種食性的水棲昆蟲，牠們均可能成為水中食蟲
性、食魚性魚類、蝦類或蟹類的食物。是故，在食物鏈或食物環中，
水棲昆蟲的數量，均關係著這些水生物的族群或群聚的發展。

水棲昆蟲與魚類之關係

就以淡水魚類來說，在全世界已知的四十二科中，有二十九科係
以水棲昆蟲為主食，尤其是溫帶地區重要的鮭鱒魚類，均以水棲昆蟲
為主要食物。此例如日本產之櫻鱒、琵琶鱒及嘉魚；而台灣產之櫻花
鉤吻鮭，據胃含物之分析，亦發現主食溪流中常見的蜉蝣目、襀翅目
椎蟲、毛翅目及雙翅目的幼蟲。

在台灣，溪釣的主要魚種，像平頜鱲、粗首鱲、台灣石魚賓，亦兼食
水棲昆蟲；其他會捕食水棲昆蟲的淡水魚，還有何氏棘魞、脣鱲、台
灣鏟頜魚、高體鰟鮍、革條副鱬、大眼華鯿、紅鰭鮊、羅漢魚、台灣馬

口魚、塘蝨魚、大肚魚、湯鯉及鰕虎類。

　　有關水棲昆蟲與魚類、藻類間之關係，可以說十分密切，像藻食性水棲昆蟲以水藻為食，但本身則為食蟲昆蟲、雜食性魚類、食蟲性和食魚性魚類之食物。另外，食蟲昆蟲可捕食藻食性昆蟲，彼此間也會相互捕食，本身亦可成為雜食性魚類、食蟲性及食魚性魚類之獵物。這些魚類、水棲昆蟲和藻類之間，便形成了錯綜複雜的食物網。

其他無脊椎動物

　　然而，在河川中除了水棲昆蟲之外，在無脊椎動物之中尚有原生動物，浮游性動物、渦蟲、線蟲、絲蚯蚓（顫蚓）、螺貝類和蝦蟹類等。浮游性動物包括蝦蟹類幼體，和原生動物都是小型的動物，往往需在解剖顯微鏡下才能「現出原形」。渦蟲為扁形動物，一般出現在較冷、較乾淨之水域。線蟲為寄生生活或自由生活，數量不多。絲蚯蚓則以底質為有機質的水域較常出現，通常是劣化水質的指標生物。

　　螺貝類，例如蜆、田螺、捲螺及在台灣立足，並釀成大害的福壽螺，由於對水質適應有別，因此也可當作監測水質之指標生物。至於蝦蟹類，通常出現在較乾淨之水域，蝦類除了覓食水棲昆蟲等小動物之外，也會腐食動物之屍肉；蟹類亦然。

活躍林間的小生命——
自然步道中的昆蟲

徜徉步道間，瀏覽兩旁蓊鬱的林木，野花，的確令人心曠神怡；其實，除了這些生物以外，只要您俯身觀察，或駐足聆賞，還可在步道間發現許多活躍的小生命！這些小動物不乏長相豔麗、奇特的種類，但絕大多是毫不起眼，甚至長得有些醜齪，卻是這個環境下重要的成員；牠們一直在自然界中擔任分解者或消費者的工作，演繹著生生不息的生命現象。

　　這些小動物中數量最多，種類最多也最為常見的是昆蟲；除此，還有各種兩棲、爬蟲類以及蝸牛、蚯蚓等無脊椎動物。而在步道的溪流之中，則有魚類、蝦類及蟹類；另外，在岩石上還可能攀附各式各樣的水棲昆蟲。

昆蟲在生態系中之角色

　　在動物分類學上，昆蟲屬於節肢動物門昆蟲綱，乃動物界中種類和數量最多之一羣。在全世界已知之一百萬種昆蟲中和人類直接相關之害蟲和益蟲，僅占少數，絕大多數的種類，幾乎在人類無所謂之直接害、益關係。

　　然而這些幾佔百分之九十以上之無直接害益之昆蟲，在生態系中卻有其重要之地位；茲以棲息河中之蜉蝣、石蠅稚蟲及毛翅目幼蟲來

說，其乃供養淡水魚、蝦之重要食餌，為了魚獲物或保護特殊之魚種，這些昆蟲和人類間之關係也就越密切，對於此類水棲昆蟲棲地之保護亦自重要。

相同的，在生態系中，有不少食蟲性動物，例如兩棲類、爬蟲類、鳥類，甚至哺乳類，端賴昆蟲為食，則昆蟲種類和數量的多寡，自會影響這些動物的族羣密度，足見昆蟲在食物網中扮演重要的角色。

茲以白蟻為例，在屋舍中，由於其會蛀食木材、衣物，為害書籍及所有含澱粉、纖維之物品，吾人常視其為害蟲，然而在森林生態系中白蟻能蛀食生機較差的植株，淘汰劣勢樹種，又能分解倒伏之枯木，使養分能重新循環，不但無害，反而是有益的昆蟲。而類似之分解者，昆蟲王國中實不勝枚舉。

再以俗稱虎頭蜂之胡蜂科昆蟲為例，當其和人畜衝突時，無疑為人畜之敵害，因為這類有毒昆蟲往往會置人畜於死地。可是在生態系中，胡蜂科昆蟲不但可供作食蟲性鳥類及大型蜘蛛之食物，其亦可捕殺其他害蟲，或分解腐熟野果，在食物鏈中有其重要地位。

除了陸棲昆蟲之外，在淡水生態系中，水棲昆蟲亦為重要之成員，這些水蟲依食性，可概分為濾食性——以水中之有機物為食者；

也有藻食性——仰賴水藻為生者；有肉食性——以其他水生小動物為食者；還有屑食性——以水生植物碎片為食者。而此類水蟲，則又成為魚、蝦之重要食物。

另外，由於昆蟲和環境間之關係極為密切，不同種類之昆蟲，均有其適存之環境，是故生態學者可依其出現與否及出現數量之種類和數量多寡，做為評定環境品質之依據；例如以蝶類種類和數量出現之多寡，可評斷環境開發之程度，及以水棲昆蟲之種類和數量，做為水質污染之指標生物。

另外，授粉性昆蟲是許多顯花植物所不可或缺之媒介昆蟲；而糞金龜、埋葬蟲，其至肉蠅，則扮演自然界中「清道夫」的角色，亦均

1. 取食花蜜的花虻。　2. 盾背椿。

1. 青紋絲蟌。　　2. 烏糞蛛。　　3. 取食花蜜的肉蠅。　　4. 構月天蛾。

有其重要地位。

昆蟲是自然界中最常見之動物，不論平地、山區、森林、草原、河谷、海邊，到處都有牠們的芳蹤，即使是同一株樹木，在不同部位，可能棲息著各種不同種類昆蟲；因此如能了解昆蟲在生態系中所扮演之角色，體認昆蟲之存在價值，敞開胸懷接近昆蟲，觀察昆蟲，必能揭開昆蟲世界的奧祕！

了解昆蟲在生態系中的角色之後，我們不妨思考下列幾個問題：

昆蟲在生態系中扮演甚麼角色？

如何定義昆蟲的害、益？昆蟲的害益會隨著時間、空間及出現場所的不同而有差異嗎？.

昆蟲對人類有甚麼直、間接的害處？牠們為害的方法如何？

昆蟲對人類有甚麼直、間接的貢獻？

出現花上的昆蟲有那些？牠們出現花上的目的為何？

在野外的枯木堆，動物屍體及糞便中有那些昆蟲出現？牠們為甚麼會出現在這些地方？

在自然界中有那些肉食性的昆蟲？牠們各吃些甚麼呢？

在一棵樹上不同的部位，出現的昆蟲會不會一樣？各自的角色為何？

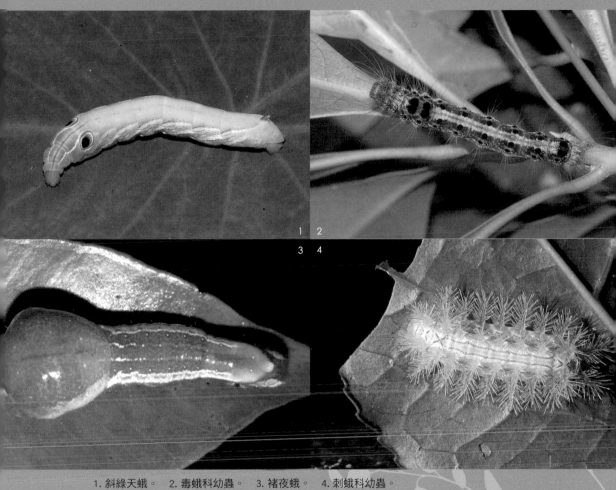

1. 斜綠天蛾。　2. 毒蛾科幼蟲。　3. 褚夜蛾。　4. 刺蛾科幼蟲。

斯文豪氏攀蜥。

昆蟲和其他動物及植物間的關係如何？互利、片利，還是有害？

在一平方公尺的草原或森林中，由地面至空中，會出現那些動物？昆蟲出現的種類多不多？和這些動物之間有甚麼關係？

認識昆蟲

「昆蟲究竟是甚麼樣的動物呢？」

有人會說：「身體長長，腳長長，有很多節的小動物。」

也有人會說：「頭上有觸角，身體有很多節的動物。」

當然也有人會直接說：「頭上有單眼、複眼，有觸角的節肢動物。」

也許有人也會說：「是六隻腳，有翅膀，能飛的動物……。」

這些定義也許都不夠周延，所以要走進昆蟲世界，不妨先由昆蟲的形態瞧起，觀察這羣六隻腳的小動物！

頭部的觀察

在步道中，您不難從身邊的草叢間抓起一隻蝗蟲或紡織娘；先看看昆蟲的身體分成幾段？是不是有頭、胸、腹部的區分？這三部分的分區在甚麼地方？

再瞧瞧頭上有甚麼重要器官？是不是有眼睛？眼睛有單、複眼的區別？有觸角嗎？位置在甚麼地方？有嘴巴？是不是所有昆蟲的眼睛、觸角、嘴巴形狀都一樣？如果不一樣，會有甚麼不同的變化？也同時想想；為甚麼會有差異呢？

翅和腳長在那兒？

　　頭部和胸部之間雖然有膜質的頸區，但和人的頸部相比，顯然不十分清楚；不過，由翅及腳著生的地方，我們知道那是昆蟲胸部的所在。昆蟲的胸部分成前、中及後胸三節，每一胸節都各具有一對腳，有例外嗎？還有，昆蟲是不是都長翅？哪些種類沒有？有長翅的，最多有幾對？翅著生在哪幾個胸節上？不同種類的翅，型式和質地一樣嗎？為甚麼會不一樣？有甚麼不同？

　　翅和腳的功用如何？全都是用來運動的嗎？腳的形狀是不是全部一樣？如果不一樣，會有甚麼不同呢？昆蟲的腳在構造上有甚麼不同？

腹部上有甚麼器官？

　　後腳著生的地方是後胸，後胸以後的部位就是昆蟲的腹部；昆蟲

的腹部究竟有多少節呢？每一節的大、小和形狀全都一樣嗎？

為甚麼昆蟲的腹部會作規律性運動？側面是不是有一張一合的孔洞？有多少對？以蝗蟲來說，腹部第一對兩側是不是有鏡膜般的構造？那是甚麼呢？原來那是聽器！和人類的聽器怎麼會差異那麼大？功用是不是不同？是不是所有昆蟲都有這種膜狀的聽器？

除了這些器官？在昆蟲的腹部上還有哪些重要附屬物？雌、雄蟲，幼期、成蟲期能不能由胸部或腹部的器官區分出來？怎麼區別呢？

蜘蛛是昆蟲嗎？

觀察完蝗蟲這些構造之後，不難對昆蟲下個簡單定義了！同時，大家也能明白原來所有昆蟲的基本構造都是一樣的；但是為了適應不同環境、攝取不同的食物，這些形態特徵可能會發生變化。

還有，觀察昆蟲的過程中，大家可能會發現許多其他昆蟲，或類似昆蟲的小動物。在類似昆蟲的小動物中，以鼠婦、馬陸、蜘蛛及蜈蚣最常被發現；然而，昆蟲和這些小動物有甚麼相同或不相同的地方？原來這些不是六隻腳的小動物都不是昆蟲！

昆蟲有腦有心臟嗎？

在觀察過程中，也許有些人會一不小心把蝗蟲腳弄斷了，這時候可能的問題是：「牠會不會流血？腳會再生嗎？」

當然，一連串和人類結構相互比較的問題也可能會浮現我們的腦海：

「昆蟲的血是甚麼顏色？有血球？血型嗎？」

「昆蟲有血管嗎？有心臟嗎？」

「昆蟲有沒有頭腦？有神經嗎？」

「昆蟲有胃、有腸嗎？有生殖器嗎……？」

根據昆蟲學家的解剖發現，奇小無比的螞蟻，甚至更小的昆蟲如卵寄生蜂，也都具有大型動物具有的類似組織和器官，更遑論血液、心臟和腸道啦！

不過，昆蟲的體型小，所以在觀察昆蟲時最好能準備個十～三十倍的小型放大鏡，因為如抓到的昆蟲太小，那麼一些較微細的器官就得用放大鏡觀察了！還有，記住在觀察這些形態特徵時最好能有比較，比較時，牠和人體的器官形狀、位置和功能到底和昆蟲有甚麼不同？人所有的，是不是昆蟲也有？昆蟲有的，在人的身上是不是都能找到？如能「體驗」一下，那麼印象必定更加深刻！

昆蟲的自衛方式

「為甚麼我們看不到昆蟲躲在哪兒？可是一踏在草地上，一隻隻的昆蟲卻飛、跳起來？」

「明明樹上、葉間沒甚麼東西、可是卻有人說樹上有隻竹節蟲呢。」

這究竟是怎麼一回事呢？原來很多昆蟲都有隱蔽色，牠們的體色和所處的背景相配，沒經驗或不注意的人，就找不到牠們了！

當然也有些昆蟲更加厲害！牠們不但有隱蔽色，還有擬態的絕活兒，所以如果不是有經驗的觀察者，可不容易發現牠們呢！

警戒色也是保護色

然而，除了隱蔽色之外，昆蟲還有哪些保護自己的功夫？有些昆蟲，牠們的體色或身上的斑點，十分鮮豔、清晰，似乎是故意展露出來的。這些色彩，如不足鮮紅、鮮黃、鮮橙、就是紅黃、紅黑、黃黑相間，非常醒目。有些斑點，像極了大動物的眼睛。藉這種方式保護自己的昆蟲，都有這種警戒色。擁有警戒色的昆蟲，經常使覬覦一旁的捕食者，望而卻步！

昆蟲擬態最奇妙

有些昆蟲，像竹節蟲、尺蠖蛾幼蟲，除了有隱蔽色外，一受騷擾，立刻把身體微微上翹，宛如枯枝一般，這種現象叫作擬態。在昆蟲的逃命功夫中，這招最令人叫絕！

其實，在昆蟲王國中，有擬態功的，除了竹節蟲、尺蠖蛾幼蟲外還有一些蛾類幼蟲，擬態樹葉的葉蝤，以及擬態花形的花螳螂。

泡沫堆裡有玄機

山區步道旁，常可發現灌木、雜草上掛著泡沫般的東西。這時候，如果拿根小草在泡沫中一探究竟，就可發現小小的蟲兒爬了出來。原來，這種俗稱泡沫蟲的沫蟬，就是藉這種分泌泡沫的方式來保護自己。

長角甲蟲最駭人

很多人喜歡抓甲蟲，可是抓甲蟲時，看見有些種類，像擁有大剪刀般的鍬形蟲會作勢咬人，頂有犄角的獨角仙十分駭人，也就下不了手了。像這種長角或具有利爪的昆蟲，其實對人無害，但如果不了解

牠們的習性，不敢遽然下手，牠們就會立刻逃之夭夭了！

釋放怪味為逃命

也有人似乎天不怕地不怕，見蟲就抓，可是在抓到蟲兒觀察時，一股怪味撲鼻而來。原來，他抓到會分泌臭味的椿象。椿象像蟬又像小甲蟲，前翅的前半部硬硬的，後半部翅薄如膜，學會了分辨方式，也就不會誤抓了！不過，別擔心！牠們對人類通常無害，留在手上的怪味兒，不久就會消失！

嚇人的毛毛蟲

毛毛蟲最嚇人？其實，牠們當中除了長毛累累的毒蛾、刺蛾、枯葉蛾外，大多數是無害的。但是瞧牠的樣子，的確常會讓人退避三舍。

不過，在毛毛蟲中，有一些種類，像鳳蝶類的幼蟲雖然無害，但一受騷擾，牠們就會從頭、胸間的背方伸出一對臭角，並散發一股怪味兒，使想接近牠們或想吃牠的動物嚇一跳。事實上，牠們對人無害，如果你不怕牠，這種行為，倒十分有趣呢！

類似鳳蝶幼蟲的行為，在某些天蛾科幼蟲中也可發現到。這類天

蛾幼蟲無毒無害，一發現危險時，會伸縮身體，把縮進表皮中的「假眼睛」眼斑展現出來，虛張聲勢一番！

假死、吐口水，各出奇招

還有一些昆蟲，例如象鼻蟲，一被驚擾，會收縮手腳，倒地裝死，任你怎麼動牠，牠都無動於衷！不過，如果這一招失敗，牠就會趁隙逃之夭夭！

甲蟲類中，還有一招最常被金龜子利用的，就是被抓時，會在人的手中撒下糞尿，叫人覺得髒兮兮的而放手。其實，類似的現象在蝗蟲、紡織娘中也十分常見。不過，牠們大多從口中吐出食物汁液。

彈跳放屁為了逃命

叩頭蟲是一種有趣的甲蟲，牠們除了會假死外，還能以肚子朝天的彈跳功夫逃命。在昆蟲中，利用彈跳方式逃命的，還有跳蟲、跳蚤、蝗蟲、蟋蟀及許多種金花蟲。而紡織娘，甚至會利用斷肢的方式逃命。

步行蟲中的放屁蟲在受到騷擾時，會分泌化學物質，引起燃燒，發出輕輕的爆音，使人的皮膚有灼傷，這種小傷，對大人而言，實在

微不足道！因為遭受蜂螫，輕者疼痛腫脹，重者會要人命，不可不慎！對胡蜂、蜜蜂而言，如沒有這招自衛的方式，牠們的族羣還能延續到今天嗎？

昆蟲的逃命功夫，形形色色，讓人歎為觀止！牠們沒有高等動物的智慧卻能稱霸地球，各式各樣的逃命功夫，實功不可沒！我們的周遭，也有不少昆蟲生活著，你注意過牠們利用什麼方式來逃命嗎？

昆蟲的分類

我們已知道，昆蟲種類繁多，分類學者依其形態等特徵，將昆蟲分類若干目；然而各分類學者之見解不同，所用之分類系統乃各異其趣。

就以伊姆氏（A.D. Imms）為例，將昆蟲綱分成兩亞綱二十九目：康斯鬥克（J.H. Comstock）則將昆蟲分成兩亞綱二十六目。洛氏（H.H. Ross）則分成三亞綱二十八目。桑希格（E.O. Essing）則分為兩亞綱三十三目。

依據國內著名分類學者張故教授書忱先生之分類系統，將昆蟲分成兩亞綱三十二目。以下茲就此三十二目之特徵作一概述：

（一）無翅亞綱（Subclass Apterygota）：

此亞綱具為先天無翅之種類，通稱無翅類，分為四目：

原尾目（Protura）：在三十二目中，此目惟一不具觸角者。此亞綱具為先天無翅之種類，通稱無翅類，此目惟一不具觸角者；通稱原尾蟲，又稱蚖，台灣已發現種類不多。

彈尾目（Collembola）：腹下具跳器、攫器及腹管為此目之主要特徵，通稱為跳蟲，喜棲於潮濕之草地。

雙尾目（Diplura）：腹末具一對修長的尾毛，通稱雙尾蟲，喜棲習於潮濕落葉及腐質土中，以腐生為主，目前台灣已發現種類甚少。

總尾目（Thysanura）：因尾毛及中央尾絲如纓，故又名纓尾蟲，包括生活於室內之衣魚及活動於岩隙之石蛃。

（二）有翅亞綱（Subclass Pterygota）：

此亞綱昆蟲大多具翅，但有部分種類因適應環境，翅退化消失。然依成長過程中翅之出現雛形，又分為外生翅羣及內生翅羣兩類，共二十八目。

A.外生翅羣（Division Exopterygota）：

此羣之特色為幼期脫皮後，翅即稍長，為不完全變態之昆蟲，共分十八目。

蛩蠊目（Grylloblattodea）：外型酷似蜚蠊及白蟻之高山產昆蟲，全世界已知種類只有十餘種；通常為蛩蠊。

　　蜚蠊目（Blattaria）：通稱之蟑螂，有生活於屋舍之種類，亦有活躍於野外濕地或落葉下之種類；前者大多為害蟲，後者以腐敗有機質為主，不會對人類造成為害。

　　等翅目（Isoptera）：此即通稱之白蟻，為社會性昆蟲，有些種類在腸道中有鞭毛蟲共生。在森林生態系中扮演分解者之角色。

　　螳螂目（Mantodea）：主要特徵為前腳具一對鐮刀狀之捕捉腳通稱螳螂，乃肉食性昆蟲。

　　直翅目（Orthoptera）：此目之特色為前翅平直形成翅覆，包括常見之蝗蟲、蟋蟀、螻蛄及螽斯。

　　䗛目（Phasmida）：又名竹節蟲或竹蜻蟲；乃昆蟲中擅於擬態之目，有形如竹枝者，亦有狀似葉片之種類。

　　紡足目（Embioptera）：主要特徵乃前腳第一附節膨大，能分泌絲液；常於樹縫紡絲營巢；由於體型似蟻；故稱為足絲蟻。

　　革翅目（Dermaptera）：主要特色乃尾毛特化為鉗狀，喜活動於潮濕土縫或落葉下，雌蟲有護卵行為，通稱為蠼螋。

　　嚙蟲目（Psocoptera）：通種嚙蟲或粉蛀蟲，有集結成羣之習性，

有出現於室內之種類，亦有一部分為農作物之害蟲。

缺翅目（Zoraptera）：由於首發現之個體為無翅，故名之；但事實上此目中頗多種類具翅；通稱為缺翅蟲，喜棲於潮濕土中或腐木中。

食毛目（Mallophaga）：此目昆蟲以鳥類羽毛及獸類體毛為生，概為外寄生之種類；亦為本亞綱中之無翅種類。

蝨目（Anoplura）：此目昆蟲亦營外寄生，以獸類之血液為食，亦為疾病之媒介，乃衛生防治上重要之害蟲。

襀翅目（Plecoptera）：稚蟲生活於水中，軀體大多呈扁平狀，具胸鰓，成蟲活躍於水邊植物間，通稱石蠅。

蜉蝣目（Ephemeroptera）：稚蟲亦生活於水中，具側腹鰓；成蟲則徜徉於水邊植物開，通稱為蜉蝣。

蜻蛉目（Odonata）：此目為豆娘及蜻蜓之合稱：稚蟲均生活於水中，通稱水薑，共同特徵為下唇特化成具面具狀之捕捉器。成蟲、稚蟲均為肉食性。

纓翅目（Thysanoptera）：由於成蟲之翅特化成纓狀，故名之；腳之爪間體具胞狀器，可於光滑表面活動，故除稱薊馬外，又有胞腳蟲之稱。

半翅目（Hemiptera）：成蟲之特徵為前翅之前方硬如鞘，後方則成膜質。常見之種類包括椿象、軍配蟲、紅娘華、負子蟲、水黽等等。

同翅目（Homoptera）：成蟲翅呈膜質，常見之種類包括蟬類、介殼蟲類、蚜蟲類、粉蝨、木蝨、葉蟬及飛蝨等等。

B.內生翅羣（Endopterygota）：

此羣昆蟲之特定為幼期無翅形成，直至蛹期方可見翅之雛型；具為完全變態類之昆蟲，共有十目。

脈翅目（Neuroptera）：成蟲之特色為翅之脈紋甚多，質地柔軟，飛翔較緩；通稱為蛉，包括草蛉、蛟蛉、及螳蛉等，幼蟲及成蟲均為肉食性。

廣翅目（Megaloptera）：外型和脈翅目相似，但一般個體較大；常見之種類，包括石蛉、蛇蛉及魚蛉等，均為肉食性。

長翅目（Mecoptera）：由於成蟲外型似蠍，故有蠍蛉之稱；特徵為雄蟲休息時將尾上舉，故有舉尾蟲之稱。

毛翅目（Trichoptera）：此目昆蟲之翅及體上均覆有鱗片；幼蟲生活於水中，能分泌絹絲，以砂、石或樹枝、樹葉等築巢，通稱為石

蠶蛾。

　　鱗翅目（Lepidoptera）：成蟲翅上具鱗片，包括蝶類和蛾類。

　　鞘翅目（Coleoptera）：成蟲特徵為體壁堅硬，翅硬化如鞘，通稱為甲蟲，括金龜子、天牛、獨角仙、鍬形蟲及金花蟲等等。

　　撚翅目（Strepsiptera）：此目成蟲之特徵為雌蟲無翅、雄蟲前翅退化為假平均棍；後翅寬大，脈紋呈放射狀；全目均為寄生性之種類，通稱為撚翅蟲。

　　膜翅目（Hymenoptera）：兩對翅呈膜質，其中有些種類為社會性昆蟲；括蜂類及蟻類。

　　雙翅目（Diptera）：後翅退化成平均棍，翅呈膜質，包括蚊、蠅、虻、蚋等，有些種類為衛生害蟲。

　　蚤目（Siphonaptera）：亦為後天無翅之一羣，善於跳躍，成蟲會吸食動物血液，媒介疾病，亦為重要衛生害蟲；本目昆蟲習稱跳蚤。

　　昆蟲分類，由繁而簡，各目間有類緣關係；若發現昆蟲，可依其形態特徵，先分成目，再依各科特徵，陸續進行分科、屬及種類的鑑定。

步道間其他小動物

　　除了節肢動物，在步道間可能出現的小動物還有屬於爬蟲類的蛇類及兩棲類的蛙類和蟾蜍；徜徉河流之間的魚、蝦及蟹類，及爬行在植物及地面上的蝸牛、蛞蝓及蛭類等。認識步道間的昆蟲之後，何不趁著假日，就近找條步道探訪這群可愛的小動物？

國家圖書館出版品預行編目資料

觀螢.賞蝶.覓蟲：台灣旅遊景點賞蟲趣 /
楊平世著. -- 初版. -- 台北市：健行文化,
民101.01
　　面；　公分. -- (地理頻道；1)
　ISBN 978-986-6798-45-0 (平裝)

　1.昆蟲　2.台灣

387.7133　　　　　　　　100025538

地理頻道　001

觀螢・賞蝶・覓蟲　台灣旅遊景點賞蟲趣

作者	楊平世
攝影	何健鎔
責任編輯	曾敏英
發行人	蔡澤蘋
出版	健行文化出版事業有限公司
	台北市105八德路3段12巷57弄40號
	電話／02-25776564・傳真／02-25789205
	郵政劃撥／0112263-4
九歌文學網	www.chiuko.com.tw
印刷	前進彩藝有限公司
法律顧問	龍躍天律師・蕭雄淋律師・董安丹律師
發行	九歌出版社有限公司
	台北市105八德路3段12巷57弄40號
	電話／02-25776564・傳真／02-25789205
初版	2012 (民國101) 年1月
定價	**360元**

書號	0209001
ISBN	978-986-6798-45-0

（缺頁、破損或裝訂錯誤，請寄回本公司更換）